JN314168

土木・環境系コアテキストシリーズ D-4

沿岸域工学

川崎 浩司 著

コロナ社

土木・環境系コアテキストシリーズ
編集委員会

編集委員長

Ph.D. 日下部 治 （東京工業大学）

〔C：地盤工学分野 担当〕

編集委員

工学博士 依田 照彦 （早稲田大学）

〔B：土木材料・構造工学分野 担当〕

工学博士 道奥 康治 （神戸大学）

〔D：水工・水理学分野 担当〕

工学博士 小林 潔司 （京都大学）

〔E：土木計画学・交通工学分野 担当〕

工学博士 山本 和夫 （東京大学）

〔F：環境システム分野 担当〕

2011 年 3 月現在

刊行のことば

　このたび，新たに土木・環境系の教科書シリーズを刊行することになった。シリーズ名称は，必要不可欠な内容を含む標準的な大学の教科書作りを目指すとの編集方針を表現する意図で「土木・環境系コアテキストシリーズ」とした。本シリーズの読者対象は，我が国の大学の学部生レベルを想定しているが，高等専門学校における土木・環境系の専門教育にも使用していただけるものとなっている。

　本シリーズは，日本技術者教育認定機構（JABEE）の土木・環境系の認定基準を参考にして以下の6分野で構成され，学部教育カリキュラムを構成している科目をほぼ網羅できるように全29巻の刊行を予定している。

　　　　A分野：共通・基礎科目分野
　　　　B分野：土木材料・構造工学分野
　　　　C分野：地盤工学分野
　　　　D分野：水工・水理学分野
　　　　E分野：土木計画学・交通工学分野
　　　　F分野：環境システム分野

　なお，今後，土木・環境分野の技術や教育体系の変化に伴うご要望などに応えて書目を追加する場合もある。

　また，各教科書の構成内容および分量は，JABEE認定基準に沿って半期2単位，15週間の90分授業を想定し，自己学習支援のための演習問題も各章に配置している。

　従来の土木系教科書シリーズの教科書構成と比較すると，本シリーズは，A

刊行のことば

分野（共通・基礎科目分野）にJABEE認定基準にある技術者倫理や国際人英語等を加えて共通・基礎科目分野を充実させ，B分野（土木材料・構造工学分野），C分野（地盤工学分野），D分野（水工・水理学分野）の主要力学3分野の最近の学問的進展を反映させるとともに，地球環境時代に対応するためE分野（土木計画学・交通工学分野）およびF分野（環境システム分野）においては，社会システムも含めたシステム関連の新分野を大幅に充実させているのが特徴である。

科学技術分野の学問内容は，時代とともにつねに深化と拡大を遂げる。その深化と拡大する内容を，社会的要請を反映しつつ高等教育機関において一定期間内で効率的に教授するには，周期的に教育項目の取捨選択と教育順序の再構成，教育手法の改革が必要となり，それを可能とする良い教科書作りが必要となる。とは言え，教科書内容が短期間で変更を繰り返すことも教育現場を混乱させ望ましくはない。そこで本シリーズでは，各巻の基本となる内容はしっかりと押さえたうえで，将来的な方向性も見据えた執筆・編集方針とし，時流にあわせた発行を継続するため，教育・研究の第一線で現在活躍している新進気鋭の比較的若い先生方を執筆者としておもに選び，執筆をお願いしている。

「土木・環境系コアテキストシリーズ」が，多くの土木・環境系の学科で採用され，将来の社会基盤整備や環境にかかわる有為な人材育成に貢献できることを編集者一同願っている。

2011年2月

編集委員長　日下部　治

まえがき

　海岸工学という研究分野が定着し始めたのは 1950 年代で，それ以降，波動理論をはじめ，波浪・津波・高潮に対する沿岸防災，海岸侵食，漂砂，海岸構造物の耐波設計，海洋エネルギーの開発・利用，沿岸生態系の創造・保全，沿岸域総合管理など多岐にわたった学問として進化している。一方で，「海岸」は陸が海に接する部分を示し，海辺，渚（なぎさ）ともいわれている。現在の海岸工学は，海岸のみならず，内湾や内海などの海域とそれに接続する陸域を含む沿岸域を対象に研究分野が発展しているため，空間的な視点から見れば，沿岸域工学といってもよいだろう。そこで，今回，出版する本のシリーズでは，「海岸工学」ではなく，「沿岸域工学」の名で出版することとした。聞き慣れない教科書名ではあるが，海域と陸域を含む沿岸域を対象とした工学という位置づけで，今後，広く認知されることを望みたい。

　沿岸域工学が対象とする分野は非常に広がっており，1 冊の教科書ですべてを網羅（もうら）することは難しい。したがって，本書では，沿岸域工学を学ぶにあたって，是非，理解してもらいたい基本事項を凝縮して取りまとめることとした。沿岸域工学を学ぶ学生には，沿岸域を取り巻く防災と環境に関する諸問題に興味を持ってもらいたい。本書には，数式が多く記載されているが，数式を嫌（いや）がらず，もっと親しみをもって数式に接してほしいと願う。数式を丸暗記するのではなく，世界共通語である数式を深く理解することで，理系分野を学ぶ楽しさを実感してもらえれば幸いである。

　本書は，1 章でまず沿岸域工学について定義し，解説する。ついで，沿岸域に関連する法規，沿岸域の防災・環境の現状について述べる。2 章では，規則

まえがき

波を対象に海の波動理論を説明するとともに，おもに線形理論に基づく微小振幅波の基本特性について述べる。3章では，浅水変形，波の反射・屈折・回折，砕波，波と流れの干渉に関連した波の変形について解説する。4章では，不規則性を有する風波の基本特性，風波の発生・発達過程，深海域における波浪推算について説明する。5章では，長波理論，潮汐（ちょうせき）と港・湾の海面振動について解説するとともに，高潮・津波の発生機構について説明する。6章では，潮流，海浜流，密度流などの沿岸海域における流れについて解説する。7章では，波力・波圧の定義，沿岸構造物に作用する波力・波圧特性を述べるとともに，波の打ち上げと越波について解説する。8章では，沿岸域における底質移動である漂砂とそれに伴う海浜変形について説明する。9章では，沿岸域の物質循環と生態系，海岸地形と生態系の関連性，沿岸域の水環境問題について述べる。10章では，沿岸域における保全・利用・環境創造の現状と課題について説明する。本書は10章構成であるが，各章は比較的独立しており，興味のあるところから読んでもらいたい。

最後に，本書を執筆する機会を与えていただいた神戸大学教授の道奥康治先生に深く感謝の意を表するとともに，遅筆のため多大なる迷惑をかけたことを深くお詫び申し上げる。本書の出版において，コロナ社の方々には多大なるご苦労をかけた。ここに深謝の意を表する。図面の作成等に協力してくれた高須吉敬君，鈴木一輝君，内藤　光君，高杉有輝君，松浦　翔君，坂谷太基君，西浦洋平君に感謝の意を表する。

2013年3月

川崎　浩司

目　次

1章　沿岸域工学概論

1.1　沿岸域工学とは　*2*

1.2　海岸の地形と現状　*3*

1.3　沿岸域に関連する法規　*5*

1.4　沿岸域の防災　*8*

1.5　沿岸域の環境　*10*

演習問題　*11*

2章　海の波の基本特性

2.1　波の基本諸量　*13*

2.2　波の分類　*14*

　2.2.1　時間スケールによる波の分類　*14*

　2.2.2　空間スケールによる波の分類　*15*

2.3　波の基礎方程式　*16*

　2.3.1　連続式　*16*

　2.3.2　ベルヌーイの式　*16*

　2.3.3　自由表面での境界条件　*18*

　2.3.4　底面での境界条件　*19*

2.4　微小振幅波　*19*

　2.4.1　基礎方程式　*20*

　2.4.2　微小振幅進行波の速度ポテンシャルと分散関係式　*21*

　　　　2.4.3　波速と波長　23
　　　　2.4.4　水粒子の速度と軌跡　24
　　　　2.4.5　圧　　　力　25
　　　　2.4.6　深海波・浅海波・極浅海波の違い　26
　　2.5　波エネルギーとその輸送　30
　　　　2.5.1　波エネルギー　30
　　　　2.5.2　群波と群速度　31
　　　　2.5.3　波エネルギーの輸送　33
　　2.6　有限振幅波　34
　　演習問題　37

3章　波の変形

　　3.1　波の変形の分類　39
　　3.2　浅水変形　39
　　　　3.2.1　波高変化と浅水係数　40
　　　　3.2.2　波長・波速の変化　41
　　3.3　波の反射　42
　　　　3.3.1　完全重複波　42
　　　　3.3.2　部分重複波と反射率　43
　　3.4　波の屈折　46
　　　　3.4.1　波高変化と屈折係数　46
　　　　3.4.2　屈折係数の算定　48
　　3.5　波の回折　50
　　3.6　砕　　　波　53
　　　　3.6.1　砕波形式　53
　　　　3.6.2　砕波限界　55
　　　　3.6.3　波高と平均水位の変化　55
　　3.7　流れによる波の変形　56
　　演習問題　57

4章 風波の特性と波浪推算

4.1 不規則波と代表波　*59*

4.2 波高・周期の分布　*61*

    4.2.1 波高の分布　*61*

    4.2.2 周期の分布　*62*

4.3 エネルギースペクトル　*63*

    4.3.1 周波数スペクトル　*64*

    4.3.2 波数スペクトルと方向スペクトル　*67*

4.4 風波の発生・発達　*68*

4.5 風波の推算　*70*

    4.5.1 吹送時間と吹送距離　*70*

    4.5.2 深海域における風波の推算　*71*

演習問題　*73*

5章 長周期波と津波・高潮

5.1 長周期波の理論　*75*

    5.1.1 基礎方程式　*75*

    5.1.2 微小振幅波　*76*

    5.1.3 有限振幅波　*77*

5.2 潮汐　*79*

    5.2.1 起潮力　*79*

    5.2.2 潮位の調和分解　*82*

    5.2.3 潮位の基準面　*83*

5.3 港・湾の海面振動　*85*

5.4 津波　*86*

    5.4.1 津波の発生機構　*86*

    5.4.2 津波の伝播　*87*

    5.4.3 津波の高さ　*88*

5.4.4　津波の解析　*89*
　5.5　高　　　潮　*91*
　　　5.5.1　高潮の特性　*91*
　　　5.5.2　台風による気圧分布　*93*
　　　5.5.3　台風による風速分布　*94*
　　　5.5.4　高潮の解析　*96*
　演習問題　*98*

6章　沿岸海域の流れ

　6.1　沿岸海域における流れの分類　*100*
　6.2　海　　　流　*100*
　6.3　潮　　　流　*101*
　6.4　海　浜　流　*103*
　　　6.4.1　平　均　水　位　*105*
　　　6.4.2　沿　岸　流　*107*
　　　6.4.3　離　岸　流　*109*
　　　6.4.4　波による質量輸送と戻り流れ　*109*
　6.5　吹　送　流　*109*
　6.6　密　度　流　*110*
　　　6.6.1　河口密度流　*111*
　　　6.6.2　成層海域の安定性　*113*
　　　6.6.3　内部波と内部セイシュ　*115*
　演習問題　*116*

7章　波と沿岸構造物

　7.1　物体に作用する波力　*118*
　　　7.1.1　波力と波圧　*118*
　　　7.1.2　慣性力と付加質量　*118*
　　　7.1.3　抗　　　力　*120*

7.2 円柱構造物に作用する波力　*121*

　　7.2.1 小口径円柱に作用する波力とモリソン式　*122*

　　7.2.2 大口径円柱に作用する波力　*124*

7.3 直立堤に作用する波圧　*125*

7.4 斜面上における被覆材の安定性　*129*

7.5 波の打ち上げと越波　*132*

演 習 問 題　*135*

8章　漂砂と海浜変形

8.1 海 浜 形 状　*138*

　　8.1.1 海浜の平面形状　*138*

　　8.1.2 海浜の岸沖方向の断面形状　*139*

8.2 漂　　　　砂　*141*

　　8.2.1 底質の移動限界　*141*

　　8.2.2 漂 砂 形 態　*143*

　　8.2.3 漂砂量の算定　*144*

8.3 海浜変形予測モデル　*146*

　　8.3.1 海岸線変化モデル　*146*

　　8.3.2 海浜変形モデル　*148*

演 習 問 題　*149*

9章　沿岸域の水環境と生態系

9.1 沿岸域の物質循環と生態系　*151*

9.2 海岸地形と生態系　*152*

　　9.2.1 干　　　　潟　*152*

　　9.2.2 藻　　　　場　*153*

9.3 沿岸域の水環境　*154*

　　9.3.1 海 水 交 換　*154*

　　9.3.2 栄養塩と富栄養化　*155*

9.3.3 赤　　　潮　*156*

9.3.4 貧酸素水塊の形成　*156*

9.3.5 青　　　潮　*157*

9.4 沿岸域の物質輸送・生態系モデル　*158*

演 習 問 題　*164*

10 章　沿岸域の保全・利用・環境創造

10.1 沿岸域の保全・利用　*166*

    10.1.1 沿岸構造物の構造形式　*166*

    10.1.2 沿岸構造物の設置目的　*166*

    10.1.3 港湾埋没・河口閉塞対策　*171*

    10.1.4 アセットマネジメント　*172*

10.2 沿岸域の環境創造　*173*

10.3 環境影響評価　*174*

10.4 ミチゲーション　*177*

10.5 沿岸域に及ぼす地球温暖化の影響　*178*

演 習 問 題　*180*

引用・参考文献　*181*

演習問題解答　*188*

索　　　引　*199*

1章 沿岸域工学概論

◆本章のテーマ

本書で定義する沿岸域工学について解説するとともに，わが国における海岸の地形と現状，沿岸域に関連するおもな法規，沿岸域における防災と環境の現状と課題について説明する。

◆本章の構成（キーワード）

1.1 沿岸域工学とは
    沿岸域工学，海岸工学，海岸，沿岸域，沿岸海域，沿岸陸域
1.2 海岸の地形と現状
    海岸地形，海岸線
1.3 沿岸域に関連する法規
    領海，公海，排他的経済水域，大陸棚，海岸法，災害対策基本法，環境基本法
1.4 沿岸域の防災
    波浪，高潮，津波，線的防護方式，面的防護方式
1.5 沿岸域の環境
    物質循環，富栄養化，赤潮，青潮，海岸侵食，地球温暖化

◆本章を学ぶと以下の内容をマスターできます

- ☞ 沿岸域工学の概要
- ☞ 沿岸域に関連する法規
- ☞ 沿岸防災の現状
- ☞ 沿岸環境の現状

1.1 沿岸域工学とは

　気圏・水圏・地圏の三つの圏域が交じり合い，内陸とも海洋ともその性格を異にする**沿岸域**（coastal zone）は，経済的・文化的価値を生み出してきた人間の諸活動と自然の相互作用により創造された空間といえる。特に，周囲を海に囲まれ国土の大部分が山岳地帯であるわが国では，沿岸域に人口と資産が集中し，天然資源の大半を海外に依存していることから，産業・物流などさまざまな経済活動が沿岸域で展開されてきた。このことは，高度経済成長に伴い，わが国の多くの工業地帯が臨海部に立地してきたことからも理解できる。近年では，関西国際空港，中部国際空港，神戸空港をはじめとする24時間使用可能な沖合人工島空港の建設，ウォーターフロント開発，コースタルコミュニティゾーン（coastal community zone，CCZ）の整備など，沿岸域の利用・開発が積極的に行われている。この傾向は，地球環境を保全しながら永続的に社会・経済を促進させようとする持続可能な発展の理念に基づいて，ミチゲーションの技術革新とともに，今後ますます強くなっていくと考えられる。

　しかし，人間活動の中心地である沿岸域は，波浪，津波，高潮，海岸侵食などの災害を受けやすいところでもあり，過去に沿岸施設の倒壊・流失など多大な物的損害および人命の損失を被ってきた。したがって，沿岸域は人々に安らぎ，潤い，生活の場を提供する一方，自然の猛威に対して微力であるがゆえ，従来より沿岸災害を防ぐための構造物が沿岸域に建設されてきた。これらの構造物は，沿岸域における人命や財産を守るといった防災面に重点が置かれており，沿岸域の景観や生態系との調和・共存など自然環境にあまり配慮されていなかった。そのため，河川を通じた陸域起源栄養塩の過剰流入によって**富栄養化**（eutrophication）が進み，植物プランクトンの異常発生による**赤潮**（red tide）や貧酸素底層水の湧昇による**青潮**（blue tide）が発生するなど，沿岸域の環境問題は大きな社会問題となっている。

　近年，社会・経済の成熟に伴い，国民の関心が陸域と海域を有機的にかつ総合的に一体として利用するシーフロント開発や海域のアメニティ空間の創出に

向けられつつあり，国民の生活空間において，快適かつ質の高い沿岸環境を創造していくことが重要になってきた。そのため，今日の沿岸構造物は，単に波浪制御あるいは漂砂制御のみを目的とした防災機能だけでなく，多種多様な沿岸生態系環境との調和に配慮して優れた景観を創り出すなど多目的・多機能を有する構造物であることが強く要求されるようになった。

1950年代に定着し始めた**海岸工学**(coastal engineering)という学問は，上述の社会の要求に対応しながら，波動理論をはじめ，波浪，津波，高潮による沿岸災害への対策，海岸侵食，漂砂，沿岸構造物の耐波設計，海洋エネルギーの開発・利用，沿岸生態系の創造・保全，沿岸域総合管理・利用など多岐にわたった学問分野として展開している。一方で，**海岸**(coast)は，海辺，渚ともいわれ，陸が海に接する部分として定義されている。今日の海岸工学は，海岸のみに限定されず，海岸から内湾，内海および大陸棚までの海域(**沿岸海域**(coastal sea zone))とそれに接続する陸域(**沿岸陸域**(coastal land zone))を含む**沿岸域**(coastal zone)を対象に分野が体系化されており，空間的な観点に立てば，陸域と海域の影響を強く受ける沿岸域を対象とした工学，つまり「**沿岸域工学**(coastal zone engineering)」といえる。そして，沿岸域工学は，防災面と環境面の複眼的な視点から，沿岸域の今後のあるべき姿を議論する学問分野と定義できよう。

1.2 海岸の地形と現状

陸域と海域の境界に位置する海岸の地形は，**図 1.1** に例示するように，土砂が長期間堆積することによって形成される堆積物海岸，波の作用により削り取られる岩石海岸，サンゴやマングローブが生息している生物形成海岸におおよそ分類される。

陸域と海面が接する**海岸線**(coastline)は，海岸法によると，春分の日の満潮面と陸域の交線として定義される。非常に変化に富むわが国の海岸線の総延長は約 35 268 km であり，そのうち自然海岸は約 53 %，半自然海岸は約 13 %，人工海岸は約 33 % である。**図 1.2** に示すように，海岸線延長約 35 268 km のうち，

(a) 砂浜（愛知県遠州灘渥美海岸）　　(b) 砂浜（石川県内灘海岸）

(c) 岩石海岸（宮崎県青島，鬼の洗濯岩）　　(d) サンゴ礁（沖縄県水納島）

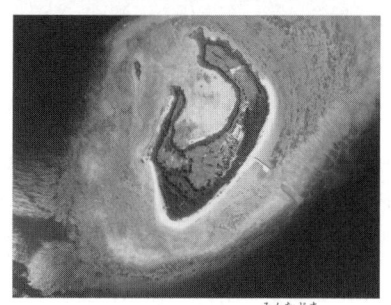

図 1.1　海岸の地形[1]†

海岸保全区域に指定されている海岸の延長は約 40.5 ％にあたる約 14 301 km，海岸管理者が管理する一般公共海岸区域の延長は約 8 390 km，道路護岸，鉄道護岸，保安林などの他目的から管理されているものおよび天然海岸といった管理を要しないものなどのその他の延長は約 13 127 km である[2]。海岸保全区域のうち，海岸保全施設により防御されている海岸（有施設延長）は約 9 848 km であり，海岸線延長と海岸保全区域延長に対して，それぞれ約 27.9 ％，約 68.9 ％である[2]。海岸保全区域延長の所管省庁別の現況は，国土交通省（港湾局，水管理・国土保全局）が約 9 440 km，農林水産省（農村振興局，水産庁）が約 4 960 km，水管理・国土保全局と農村振興局の共同管理が約 240 km となっている[2]。

　海に隣接しない 8 県を除いた 39 都道府県の海岸線の現状[2]を図 1.3 に示す。海岸線延長は北海道，長崎県，鹿児島県の順に長い。海岸保全区域延長は北海

---

† 肩付き数字は，巻末の引用・参考文献番号を表す。

海岸法の適用範囲			
海岸保全区域延長 約 14 640 km （純計 約 14 301 km）	一般公共海岸区域延長 約 8 390 km	その他 約 13 127 km	
港湾局 約 4 265 km	水管理・国土保全局 約 5 175 km	農村振興局 約 1 724 km	水産庁 約 3 236 km

水管理・国土保全局，農村振興局共同管理　約 240 km
括弧書きの純計は重複区間を整理した延長

図 1.2　わが国の海岸線の現状[2]

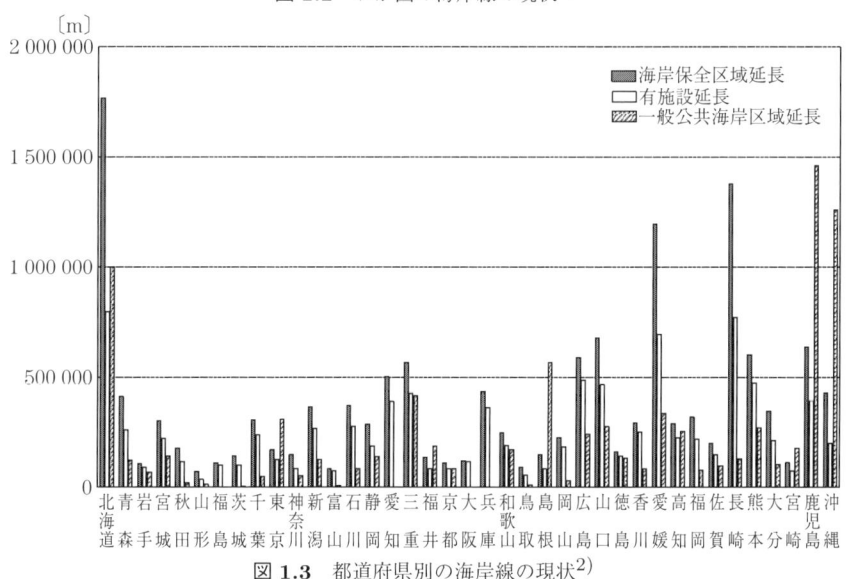

図 1.3　都道府県別の海岸線の現状[2]

道，長崎県，愛媛県の順となっている。

1.3　沿岸域に関連する法規

多くの国が海を通じて接しているため，国の権益がどの範囲の海域まで及ぶかは国際法規的に重要である。図 1.4 に示すように，国の主権が明確に主張できる海域を**領海**（territorial waters, closed sea），各国共通の海域を**公海**（open sea）という。領海や経済的主権が及ぶ水域である**排他的経済水域**（exclusive

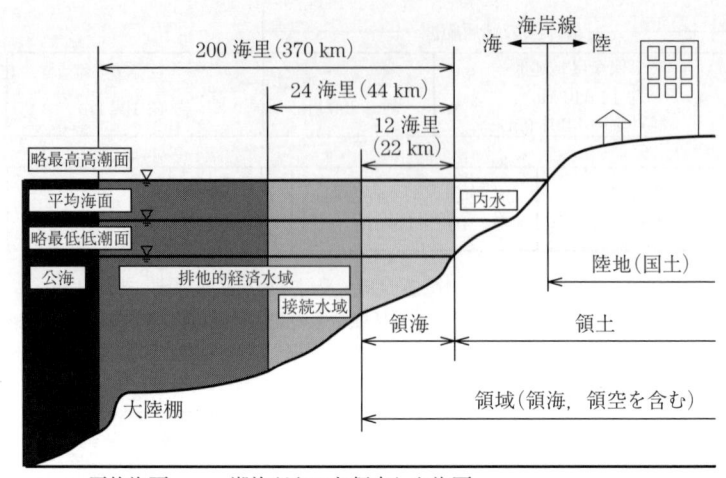

平均海面 ：潮汐がないと仮定した海面
略最高高潮面：平均海面から主要四分潮の半潮差の和だけ上げた海面
略最低低潮面：平均海面から主要四分潮の半潮差の和だけ下げた海面
（5.2.3項参照）

図 1.4　海域の分類

economic zone）などの定義については，各国の利害が錯綜して現在もなお問題となっている。わが国では，1977年に制定された領海法によって，略最低低潮面が陸地と交わる基線から外洋側に12海里（1海里＝1.852 km）までを領海と定義している。排他的経済水域に関しては，暫定措置法により200海里まで設定している。わが国以外では，200海里を領海と定義している国もある。200海里を漁業経済水域と定めている国は世界沿岸国の8割もあり，わが国においても1977年制定の暫定措置法により漁業水域を200海里までとしている。

上述の法律は沖合の領海を対象としたものであり，水深0～約200 mにおける**大陸棚**（continental shelf）の海洋開発が実施される際に重要である。このように，沿岸域に関連する法規を理解することは，防災・開発事業を行う上で必要不可欠である。以下に，海岸法，災害対策基本法，環境基本法などの沿岸域に関連するおもな法規を概説する。

- **海岸法**（coast act）

1956（昭和31）年に制定された海岸法は，津波，高潮，波浪その他海水

または地盤の変動による被害から海岸を保護し，国土の保全を図ることを目的としている．1999（平成11）年には抜本的に海岸法が改正された．具体的には，津波・高潮などの海岸災害からの防護に加え，海岸環境の整備と保全，公衆の海岸の適正な利用などの項目が追加されるとともに，防護・環境・利用の調和のとれた総合的な海岸管理制度が導入された．

- **災害対策基本法**（disaster countermeasure basic act）

  災害対策基本法は，1959（昭和34）年の伊勢湾台風を契機に，1961（昭和36）年に制定された．その目的は，国土ならびに国民の生命，身体および財産を災害から保護するため，防災に関して，国・地方公共団体・その他の公共機関を通じて必要な体制を確立し，責任の所在を明確にするとともに，防災計画の作成・災害予防・災害応急対策・災害復旧および防災に関する財政金融措置その他必要な災害対策の基本を定めることにより，総合的かつ計画的な防災行政の整備および推進を図り，もって社会の秩序の維持と公共の福祉の確保に資することである．また，1995年の阪神・淡路大震災，2011年の東日本大震災，令和元年台風第19号（令和元年東日本台風）の災害対応などを踏まえて，災害対策の強化を図るため，災害対策基本法はこれまで幾度か一部改正されている．

- **大規模地震対策特別措置法**（act on special measures concerning countermeasures against large-scale earthquake）

  大規模地震対策特別措置法は1978（昭和53）年に制定され，現在の法律は2024（令和6）年に改正されている．同法は，地震災害および地震に伴う津波，火事，爆発などの災害を対象に，地震防災対策強化地域の指定，防災体制の整備および地震防災応急対策について定めたものである．

- **公有水面埋立法**（public water body reclamation act）

  公有水面埋立法は日本の河川，海域，湖沼などの公共用水域の埋立・干拓に関する法律であり，1921（大正10）年に制定され，1973（昭和48）年には自然環境の保全，公害の防止，埋立地の権利処分および利用の適正化の見地から大幅に改正された．

- **環境基本法**（environmental basic act）

　公害対策と自然環境対策をそれぞれ公害対策基本法，自然環境保全法で行ってきたが，地球規模化・複雑化する環境問題に対応できないため，環境政策の基本的な理念を定めた環境基本法が 1993（平成 5）年に制定された。現法律は 2021（令和 3）年に改正されたものである。なお，公害対策基本法は環境基本法の施行により廃止され，自然環境保全法も環境基本法の趣旨に沿って改正された。

- **漁業法**（fisheries act）

　漁場の総合的な利用による漁業の発展を目的に，1949（昭和 24）年に制定された漁業法は 2024（令和 6）年に改正されている。おもに，漁業権，漁業の許可，海区漁業調整委員会等について規定している。

- **港湾法**（ports and harbors act）

　港湾の開発・管理運営および航路の保全を目的に，港湾法が 1950（昭和 25）年に制定され，2022（令和 4）年に改正されている。同法においては，港湾管理者と港湾区域の指定を行うとともに，各種の港湾施設を明確に示している。

1.4　沿岸域の防災

　1945 年の終戦以降，度重なる台風の襲来により多くの海岸堤防や護岸が崩壊した。そのため，1950 年から国主導で沿岸災害の再発防止を目的とした事業が数多く実施された。1953 年に伊勢湾・三河湾を直撃した台風 13 号による高潮災害を契機に，海岸防災事業に関する基本法である海岸法が 1956 年に成立した。1958 年には海岸保全築造基準が策定され，三面張り工法，つまり海岸堤防の表・裏法面と天端面の三面すべてをコンクリートで覆う工法が登場した。1959 年の伊勢湾台風と 1961 年の第 2 室戸台風による高潮災害を経験し，波力低減のために消波ブロックを表法面に置く高天端消波ブロック堤防が提案され，全国的に普及した。このように，図 1.5 に示すような堤防や消波工のみで海岸線を

1.4 沿岸域の防災

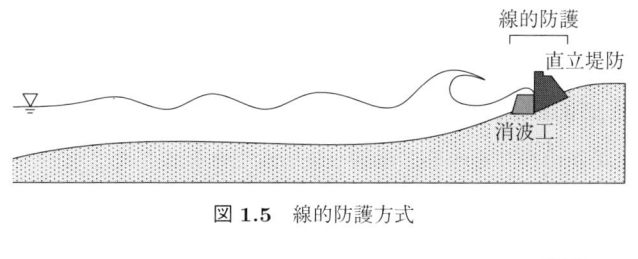

図 1.5　線的防護方式

図 1.6　面的防護方式

防護する**線的防護方式**（simple shore protection system）が主流となった。

しかし，線的防護方式は，陸域と海域を分断するため，海岸利用を阻害し，異常波浪による前浜消失の加速，消波ブロックによる景観の悪化などを引き起こした。そこで，図 1.6 に示すように，線的防護方式に代わり，潜堤，養浜，緩傾斜堤防などの複数の構造物を活用して複合的に波を制御する**面的防護方式**（integrated shore protection system）が 1980 年頃から採用されるようになった。1999 年には海岸法が改正され，海岸整備のあり方として，沿岸防災に加えて，沿岸環境の保全および沿岸域の資源と空間利用も重要視されるようになった。

2004 年はわが国本土への台風上陸数が観測史上最高の 10 個で，各地で深刻な高潮・越波災害が多発した。海岸沿いの道路護岸周辺では，越波・氾濫の影響で全面通行止めとなり，地域間の交通が遮断される地域も見られた。しかし，越波に対する主要幹線道路交通規制の判断基準は確立されておらず，人命・資産保護の面からも重大な検討課題である。また，異常波浪により波返し工を有する海岸堤防が倒壊し，海岸保全施設の全国緊急点検が実施された。しかし，波返し工の作用波圧の設計基準が明確化されていないなど，海岸護岸の設計面においても未解明な点が多い。近年では，地球温暖化の影響により，海面上昇の

みならず，台風が強大化し，沿岸部でより甚大な高潮災害が懸念されている。

2011年3月11日14時46分に発生した東北地方太平洋沖地震は，国内観測史上最大のM9.0（Mはマグニチュード）を記録した。本地震による津波は，東北地方太平洋沿岸部を中心に深刻な被害を引き起こした。一方，東海地方をはじめ西日本では，東海地震，東南海地震，南海地震の発生が危惧されている。東海地震については，1854年以降発生しておらず，前回の発生から約160年が経過しようとしている。地震調査委員会[3]によると，地震が単独で30年以内に発生する確率は，東海地震が88％（参考値），東南海地震，南海地震がそれぞれ70％，60％である。東海地震，東南海地震，南海地震それぞれの地震規模は，M8程度，M8.1前後，M8.4前後である。現在，科学的知見に基づいて，東海・東南海・南海地震の震源域を含む広範囲の南海トラフ巨大地震・津波が想定されている[4]。

1.5　沿岸域の環境

沿岸域の水環境は，河川からの淡水・物質流入など陸域からの影響のみならず，海流の変動に伴う擾乱など外洋の影響によっても大きく変化する。さらに，沿岸域は，外洋に比べて水深が浅いことから，気象場の影響を強く受けやすい。このように，複雑に変化する沿岸域の環境場を把握・予測するためには，海水の流れや混合・拡散などの物理過程を理解することはもちろんのこと，栄養塩等の物質循環や生態系についても検討する必要がある。

1960年後半以降，人口や経済・産業等の一極集中，生活様式の変化などの原因により，水質汚染問題が顕在化した。水質悪化を防止することを目的に，1967年に公害対策基本法が，1970年に水質汚濁防止法が制定された。1971年には環境行政を担う環境庁が発足し，現在では環境省がその任務を引き継いでいる。

現在，水質総量規制により，河川からの陸域起源栄養塩の流入が減少したものの，東京湾，伊勢湾，大阪湾などの閉鎖性海域では，いまだに富栄養化の状態であり，植物プランクトンの異常増殖による赤潮，底層の貧酸素水塊の湧昇

によって生じる青潮が発生している。また，ダムの建設に伴い，河川からの土砂供給が減少し，海岸侵食により砂浜が消滅しつつある。その影響により，沿岸域が持つ消波機能や海水浄化機能が低下し，多様な沿岸生態系までもが損なわれている。海岸侵食により消滅した砂浜を復元させるために，離岸堤工法が提案され，1970年頃からは人工的に砂を供給して海浜(かいひん)を造成する養浜が始まった。また，海浜地形の安定化を目指して，人工リーフ，サンドバイパスなどの新しい工法が開発された。現在，浅場(あさば)・干潟(ひがた)・藻場(もば)の造成など沿岸環境の修復・保全を目的とした事業も実施されている。しかしながら，なお海岸侵食は深刻な問題であり，沿岸環境に及ぼす影響も大きい。

近年では，地球温暖化の影響により，海面上昇や台風の強大化が予想されている。今後，海面上昇への対策を講じる必要があるとともに，沿岸域の環境も大きく変化することが懸念される。この問題はわが国のみならず地球規模で検討すべき課題である。このように，防災のみならず，沿岸域の保全・利用・環境創造の面においても，多くの検討課題が残されている。

演習問題

[1.1] わが国における領海，排他的経済水域について調べよ。
[1.2] 過去の沿岸災害を調べるとともに，その教訓をまとめよ。
[1.3] 水環境問題に関して，東京湾，伊勢湾，大阪湾の現況を調べよ。

2章 海の波の基本特性

◆本章のテーマ

沿岸域の物理過程を的確に評価・予測するためには，外洋から海岸に伝播する海の波の挙動特性を把握することが重要である．本章では，規則波を対象に海の波動理論を解説するとともに，線形理論に基づく微小振幅波の基本特性について述べる．また，波の非線形性を考慮した有限振幅波についても説明する．

◆本章の構成（キーワード）

2.1 波の基本諸量
　　　波高，振幅，波長，波数，周期，角周波数
2.2 波の分類
　　　水深波長比，波形勾配，深海波，浅海波，極浅海波
2.3 波の基礎方程式
　　　連続式，オイラーの運動方程式，ベルヌーイの式，境界条件
2.4 微小振幅波
　　　速度ポテンシャル，分散関係式，水粒子速度，水粒子の軌跡，圧力
2.5 波エネルギーとその輸送
　　　波エネルギー，群波，群速度，波エネルギーの輸送量
2.6 有限振幅波
　　　ストークス波，クノイド波，孤立波

◆本章を学ぶと以下の内容をマスターできます

☞　波の基本諸量と分類
☞　波の基礎方程式と速度ポテンシャル理論の考え方
☞　微小振幅波の理論展開
☞　微小振幅波と有限振幅波の違い

2.1 波の基本諸量

海の波の性質を表す基本諸量として,図 2.1 に示すように,水位変動 η,波向き角 θ, x, y, z 方向の水粒子速度 u, v, w, 圧力 p, 水深 h がある。他の基本諸量としては,図 2.2 に示す波高 H,波長 L,周期 T が挙げられる。**波高**(wave height)H は水位の最も高い**波峰**(wave crest)から最も低い**波谷**

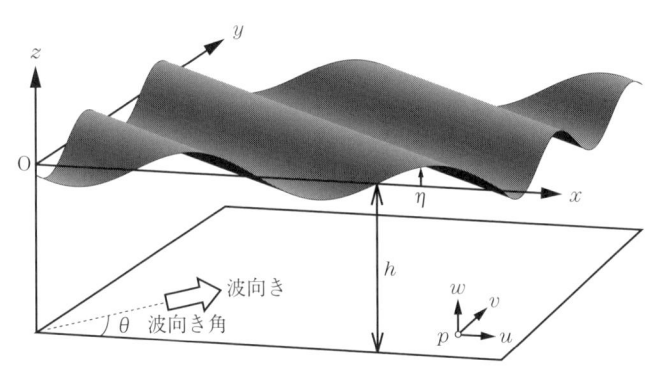

図 2.1 波の基本諸量

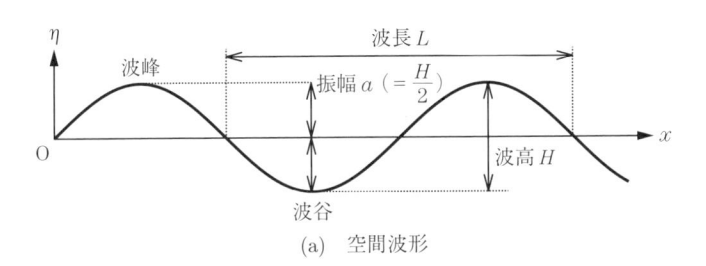

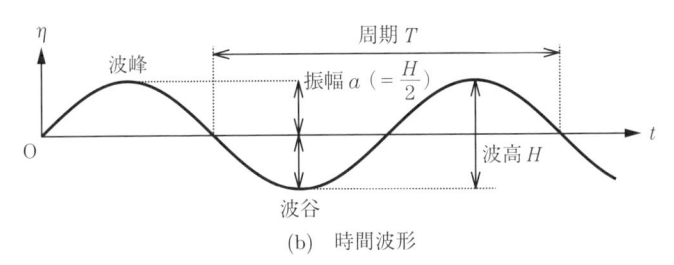

(a) 空間波形

(b) 時間波形

図 2.2 水位変動

（wave trough）までの鉛直距離であり，**振幅**（wave amplitude）a は後述する微小振幅波において波高の半分 $H/2$ として定義される。図 2.2(a) より，ある位相からつぎの同位相までの水平距離を**波長**（wavelength）L と呼び，$k = 2\pi/L$（π：円周率）で定義される量 k を**波数**（wave number）という。図 2.2(b) に示すように，水面変動の繰返し時間間隔を**周期**（wave period）T と呼び，$f = 1/T$，$\sigma = 2\pi/T$ で定義される f と σ を，それぞれ**周波数**（frequency），**角周波数**（angular frequency）という。

2.2 波 の 分 類

海の波は，時間スケール，空間スケール，波の物理特性，波動理論などいくつかの観点から分類される。ここでは，時間スケールと空間スケールによる波の分類について説明する。

2.2.1 時間スケールによる波の分類

時間スケール，つまり周期あるいは周波数（周期の逆数）の観点から波を分

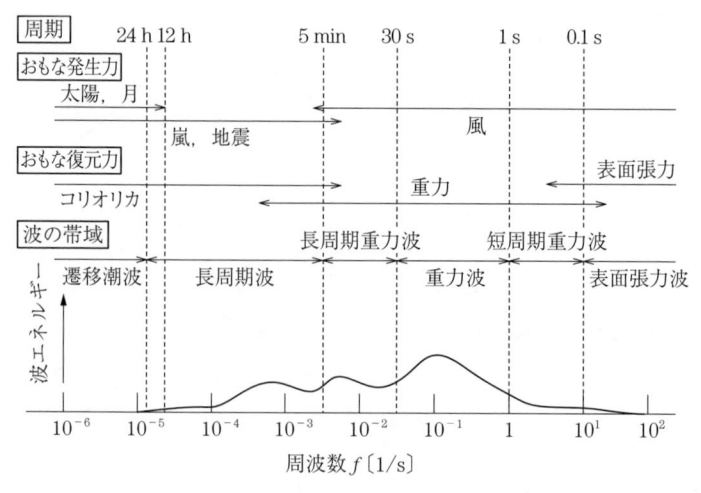

図 2.3 時間スケールによる波の分類[1]

類すると，図 **2.3** のようになる．風が吹くと，水面は乱され，非常に短い周期を持つ小さな波高の**さざ波**（ripple）が発生する．さらに風が吹き続けると，さざ波はある程度大きな波高と周期を有する**風波**（wind wave）に発達する．風域から離れた風波は**うねり**（swell）となって伝播する．**重力波**（gravity wave）は復元力が重力で，他の周期の波に比べて全体で大きなエネルギーを持っている．周期 30 s（秒）より長い波は一般に**長周期波**（long-period wave）と呼ばれ，地震による津波，台風・低気圧の通過に伴う高潮のような水位変動は長周期波に分類される．

2.2.2 空間スケールによる波の分類

空間スケールの観点では，波高と波長の比である**波形勾配**（wave steepness）H/L，水深と波長の比である**水深波長比**（relative water depth）h/L（比水深，相対水深ともいう）の無次元量を使って，波が分類される．

水面勾配が緩やかな場合，つまり波形勾配 H/L が小さい場合，相対的に水面変動が小さいとみなすことができる．水面変動が非常に小さい波を**微小振幅波**（small amplitude wave），水面変動が微小として扱うことができない非線形性を有する波を**有限振幅波**（finite amplitude wave）という．

水深波長比 h/L による波の分類では，底面の影響を受けない波（$h/L > 1/2$）を**深海波**（deep water wave），水平方向に比べて鉛直方向の水粒子速度が無視できるほど小さく，底面の影響が非常に大きい波（$h/L < 1/25 \sim 1/20$）を<ruby>極浅海波<rt>きょくせんかいは</rt></ruby>（very shallow water wave）あるいは**長波**（long wave），深海波と極浅海波の中間の波（$1/25 \sim 1/20 \leq h/L \leq 1/2$）を**浅海波**（shallow water wave）と呼ぶ．波形勾配 H/L，あるいは波高水深比 H/h と水深波長比 h/L を組み合わせた**アーセル数**（Ursell number）HL^2/h^3 によって，波動理論の適用限界を決定することもできる．

2.3 波の基礎方程式

2.3.1 連続式

非圧縮性流体を対象とした**連続式**（continuity equation）は次式で表される。

$$\frac{\partial u}{\partial x} + \frac{\partial v}{\partial y} + \frac{\partial w}{\partial z} = 0 \tag{2.1}$$

ここで，u，v，w はそれぞれ x，y，z 方向の水粒子速度である。

波の水粒子運動は一般的に渦度が 0 である非回転運動（渦なし運動）として取り扱われる。そのため，水粒子速度 u，v，w は**速度ポテンシャル**（velocity potential）ϕ を用いて以下のように定義することができる。

$$u = \frac{\partial \phi}{\partial x}, \qquad v = \frac{\partial \phi}{\partial y}, \qquad w = \frac{\partial \phi}{\partial z} \tag{2.2}$$

式 (2.2) を式 (2.1) に代入すると，次式に示す**ラプラス方程式**（Laplace equation）が誘導される。

$$\frac{\partial^2 \phi}{\partial x^2} + \frac{\partial^2 \phi}{\partial y^2} + \frac{\partial^2 \phi}{\partial z^2} = \nabla^2 \phi = 0 \tag{2.3}$$

ここで，∇ はナブラと呼ばれるベクトル演算子で，次式で定義される。

$$\nabla = \left(\frac{\partial}{\partial x}, \frac{\partial}{\partial y}, \frac{\partial}{\partial z} \right) \tag{2.4}$$

質量保存を意味する連続式は速度ポテンシャル ϕ に関するラプラス方程式で表現され，波の運動を支配する基礎方程式となる。したがって，式 (2.3) を適切な境界条件の下で解くことにより速度ポテンシャルの解が求められ，式 (2.2) を通じて水粒子速度 u，v，w を得ることができる。

2.3.2 ベルヌーイの式

図 **2.4** に示す鉛直上向きを z 軸の正方向とするデカルト座標系を考える。波動場における水粒子の運動は，粘性の影響が無視できる場合，次式に示す x，y，z 方向の**オイラーの運動方程式**（Euler's equation of motion）で記述される。

2.3 波の基礎方程式

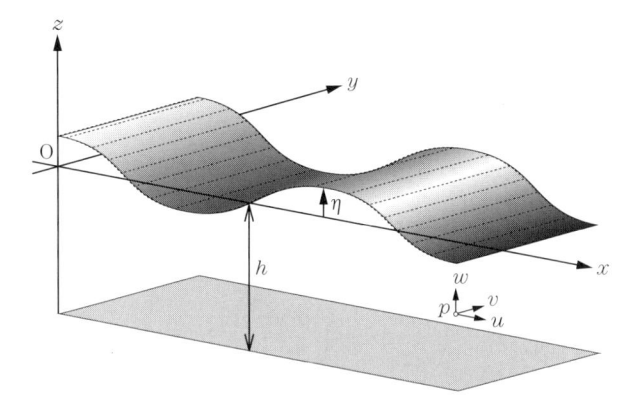

図 2.4 座標系の定義

$$\frac{\partial u}{\partial t} + u\frac{\partial u}{\partial x} + v\frac{\partial u}{\partial y} + w\frac{\partial u}{\partial z} = -\frac{1}{\rho}\frac{\partial p}{\partial x} \tag{2.5}$$

$$\frac{\partial v}{\partial t} + u\frac{\partial v}{\partial x} + v\frac{\partial v}{\partial y} + w\frac{\partial v}{\partial z} = -\frac{1}{\rho}\frac{\partial p}{\partial y} \tag{2.6}$$

$$\frac{\partial w}{\partial t} + u\frac{\partial w}{\partial x} + v\frac{\partial w}{\partial y} + w\frac{\partial w}{\partial z} = -g - \frac{1}{\rho}\frac{\partial p}{\partial z} \tag{2.7}$$

ここで，p は圧力，ρ は流体密度，g は重力加速度である。

式 (2.2) を使って式 (2.5) を変形すると，次式が得られる。

$$\frac{\partial}{\partial x}\left[\frac{\partial \phi}{\partial t} + \frac{1}{2}\left\{\left(\frac{\partial \phi}{\partial x}\right)^2 + \left(\frac{\partial \phi}{\partial y}\right)^2 + \left(\frac{\partial \phi}{\partial z}\right)^2\right\} + \frac{p}{\rho}\right] = 0 \tag{2.8}$$

同様にして，式 (2.6)，(2.7) はそれぞれ以下のようになる。

$$\frac{\partial}{\partial y}\left[\frac{\partial \phi}{\partial t} + \frac{1}{2}\left\{\left(\frac{\partial \phi}{\partial x}\right)^2 + \left(\frac{\partial \phi}{\partial y}\right)^2 + \left(\frac{\partial \phi}{\partial z}\right)^2\right\} + \frac{p}{\rho}\right] = 0 \tag{2.9}$$

$$\frac{\partial}{\partial z}\left[\frac{\partial \phi}{\partial t} + \frac{1}{2}\left\{\left(\frac{\partial \phi}{\partial x}\right)^2 + \left(\frac{\partial \phi}{\partial y}\right)^2 + \left(\frac{\partial \phi}{\partial z}\right)^2\right\} + \frac{p}{\rho} + gz\right] = 0 \tag{2.10}$$

式 (2.8) ～ (2.10) を空間積分することによって，次式が導かれる。

$$\frac{\partial \phi}{\partial t} + \frac{1}{2}\left\{\left(\frac{\partial \phi}{\partial x}\right)^2 + \left(\frac{\partial \phi}{\partial y}\right)^2 + \left(\frac{\partial \phi}{\partial z}\right)^2\right\} + \frac{p}{\rho} + gz = C(t) \quad (2.11)$$

ここで，$C(t)$ は時間 t に関する積分定数である。

積分定数 $C(t)$ は，式 (2.2) からわかるように，速度ポテンシャルから速度を求める際に関係しない。そこで，次式に示すように，$C(t)$ を ϕ に含めて右辺を 0 と表示することが一般的である。

$$\frac{\partial \phi}{\partial t} + \frac{1}{2}\left\{\left(\frac{\partial \phi}{\partial x}\right)^2 + \left(\frac{\partial \phi}{\partial y}\right)^2 + \left(\frac{\partial \phi}{\partial z}\right)^2\right\} + \frac{p}{\rho} + gz = 0 \quad (2.12)$$

上式を，**ベルヌーイの式**（Bernoulli's equation）と呼ぶ。上式より，速度ポテンシャル ϕ が決まれば，圧力 p を求めることができる。

2.3.3 自由表面での境界条件

自由表面では，二つの境界条件，つまり運動学的境界条件と力学的境界条件が与えられる。**運動学的境界条件**（kinetic boundary condition）とは，自由表面上の水粒子がつねに自由表面上にある，すなわち自由表面から空中あるいは水中に飛び出さないという条件を示す。**力学的境界条件**（dynamic boundary condition）は，自由表面上における圧力が大気圧に等しいという条件を意味する。

〔1〕 **運動学的境界条件**　自由表面上に存在するある物理量を $F(x,y,z,t)$ ($=0$) で表すと，運動学的境界条件は次式で表現される。

$$\frac{DF}{Dt} = 0 \quad : z = \eta \quad (2.13)$$

ここで，D/Dt は**ラグランジュ微分**（Lagrangian derivative），あるいは**物質微分**（material derivative）と呼ばれ，次式で定義される。

$$\frac{D}{Dt} = \frac{\partial}{\partial t} + u\frac{\partial}{\partial x} + v\frac{\partial}{\partial y} + w\frac{\partial}{\partial z} \quad (2.14)$$

物理量 F を $F = z - \eta(x,y,t)$ ($= 0$) として式 (2.13) に代入すると，運動学的境界条件を示す次式が得られる。

$$w = \frac{\partial \eta}{\partial t} + u\frac{\partial \eta}{\partial x} + v\frac{\partial \eta}{\partial y} \qquad : z = \eta \tag{2.15}$$

〔2〕 **力学的境界条件**　自由表面上 $z = \eta$ の圧力 p は大気圧 p_0（ゲージ圧の場合, $p_0 = 0$）に等しいことから, 式 (2.12) を使って表すと, 力学的境界条件は以下のようになる。

$$\frac{\partial \phi}{\partial t} + \frac{1}{2}\left\{\left(\frac{\partial \phi}{\partial x}\right)^2 + \left(\frac{\partial \phi}{\partial y}\right)^2 + \left(\frac{\partial \phi}{\partial z}\right)^2\right\} + g\eta = 0 \qquad : z = \eta \tag{2.16}$$

2.3.4 底面での境界条件

底面で水の流入・流出がないと仮定すると, 自由表面における運動学的境界条件と同じく, 底面上の水粒子はつねに底面に存在することになる。

底面上のある物理量を $G(x, y, z, t) (= 0)$ で表すと, 底面での運動学的境界条件は次式で表現される。

$$\frac{DG}{Dt} = 0 \qquad : z = -h \tag{2.17}$$

物理量 G を $G = z + h(x, y, t)(= 0)$ と定義し, 上式に代入すると, 次式が得られる。

$$w = -\frac{\partial h}{\partial t} - u\frac{\partial h}{\partial x} - v\frac{\partial h}{\partial y} \qquad : z = -h \tag{2.18}$$

水深 h が一定で時空間的に変化しない場合, 上式はつぎのようになる。

$$w = \frac{\partial \phi}{\partial z} = 0 \qquad : z = -h \tag{2.19}$$

2.4　微 小 振 幅 波

速度ポテンシャルを具体的に求めるためには, 各種の境界条件（式 (2.15), (2.16), (2.18)）が満足されるように波の基礎方程式（式 (2.3)）を解く必要がある。しかしながら, 境界条件の式には非線形項が含まれ, 解を理論的に求めることが難しい。

そこで，①水面変動が非常に小さい（$\eta \fallingdotseq 0$），②水粒子の運動が緩やかで，速度の二乗の項が無視できる，③水面勾配が小さく，水面勾配と速度の積の項が無視できるといった仮定を設けることにより，境界条件の取り扱いを簡便にする。このような仮定の下で導かれた波を**微小振幅波**（small amplitude wave）という。

2.4.1 基礎方程式

図 **2.5** に示す一定水深 h の鉛直 2 次元（x-z 面）の波動場を対象に，x の正方向に進行する波を考える。そのときの波の基礎方程式は，式 (2.3) より，次式となる。

$$\frac{\partial^2 \phi}{\partial x^2} + \frac{\partial^2 \phi}{\partial z^2} = 0 \tag{2.20}$$

自由表面境界条件は，微小振幅波の仮定により，簡単に取り扱うことができ，運動学的境界条件を表す式 (2.15) は次式となる。

$$w = \frac{\partial \phi}{\partial z} = \frac{\partial \eta}{\partial t} \quad : z = 0 \tag{2.21}$$

上式は，自由水面の移動速度が鉛直方向の水粒子速度 w に等しいことを示す。力学的境界条件を示す式 (2.16) は以下のように書ける。

$$\frac{\partial \phi}{\partial t} + g\eta = 0 \quad : z = 0 \tag{2.22}$$

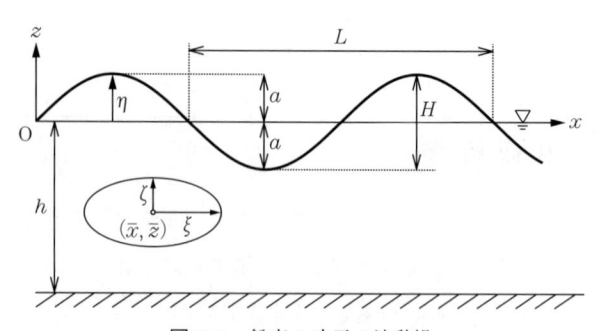

図 **2.5** 鉛直 2 次元の波動場

式 (2.21)，(2.22) より水位変動 η を消去すると，速度ポテンシャル ϕ に関する自由表面境界条件は次式となる。

$$\frac{\partial^2 \phi}{\partial t^2} + g\frac{\partial \phi}{\partial z} = 0 \qquad : z = 0 \tag{2.23}$$

底面境界条件は，式 (2.19) と同様に次式で与えられる。

$$w = \frac{\partial \phi}{\partial z} = 0 \qquad : z = -h \tag{2.24}$$

2.4.2　微小振幅進行波の速度ポテンシャルと分散関係式

波の基礎方程式（式 (2.20)）を，自由表面境界条件（式 (2.23)）と底面境界条件（式 (2.24)）の下で解くことにより，微小振幅波の速度ポテンシャルが得られる。式 (2.20) からわかるように，基礎方程式は空間のみの微分方程式である。ここでは，波の周期性を考え，時間への依存性が $e^{-i\sigma t} = \cos \sigma t - i\sin \sigma t$ ($i\,(=\sqrt{-1})$：虚数単位) の周期関数で表現できるとし，速度ポテンシャルの空間に依存する関数のみを求める。

速度ポテンシャル ϕ が，周期関数 $e^{-i\sigma t}$ に加えて，x のみの関数 $X(x)$ と z のみの関数 $Z(z)$ の積で表されるものとすると，次式で与えられる。

$$\phi(x, z, t) = X(x)\, Z(z)\, e^{-i\sigma t} \tag{2.25}$$

上式を式 (2.20) に代入し，式 (2.23) と式 (2.24) の境界条件を満たすように変数分離法で解く。本書では，次式で与えられる x の正方向に進行する振幅 a の規則波に対して解を求める。

$$\eta = a\cos(kx - \sigma t) = \mathrm{Re}\left\{a e^{i(kx - \sigma t)}\right\} \tag{2.26}$$

ここで，微小振幅波の場合，$a = H/2$ となる。Re は複素数の実部を表す。

したがって，微小振幅進行波の速度ポテンシャルは次式で求められる。

$$\begin{aligned}
\phi &= \frac{H\sigma}{2k}\frac{\cosh k(h+z)}{\sinh kh}\sin(kx - \sigma t) \\
&= \frac{Hg}{2\sigma}\frac{\cosh k(h+z)}{\cosh kh}\sin(kx - \sigma t)
\end{aligned} \tag{2.27}$$

上式から，$kh = 2\pi h/L$ つまり水深波長比 h/L が，波を表す重要な無次元量の一つであることが理解できる．

双曲線関数 $\sinh x$, $\cosh x$, $\tanh x$ は次式で定義され，各関数の特性は図 **2.6** に示すとおりである．

$$\left. \begin{aligned} \sinh x &= \frac{e^x - e^{-x}}{2} \\ \cosh x &= \frac{e^x + e^{-x}}{2} \\ \tanh x &= \frac{\sinh x}{\cosh x} = \frac{e^x - e^{-x}}{e^x + e^{-x}} \end{aligned} \right\} \tag{2.28}$$

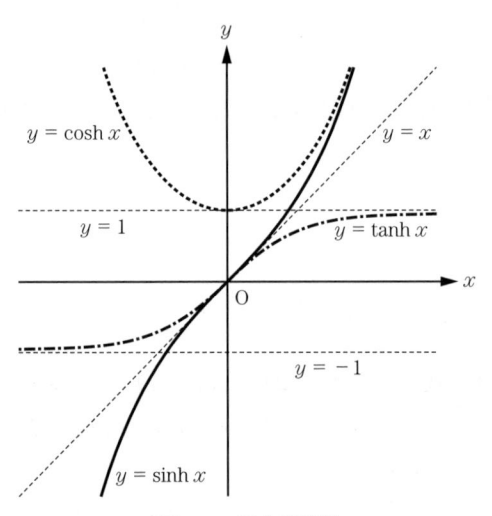

図 **2.6** 双曲線関数

次式に示す σ と k の関係式，つまり海の波の性質を規定する**分散関係式**（dispersion relationship）も同時に導出される．

$$\sigma^2 = gk \tanh kh \tag{2.29}$$

上式を満足する波は**自由波**（free wave）と呼ばれ，一つの自由波のみが存在する場合は**規則波**（regular wave），複数の自由波が混在して不規則に変動する

波を**不規則波**（irregular wave）という。一方，式 (2.29) を満たさない波を**拘束波**（bound wave）と呼ぶ。

2.4.3 波速と波長

波の進行する速度である**波速**（wave celerity）C は次式で定義される。

$$C = \frac{L}{T} = \frac{\sigma}{k} \tag{2.30}$$

コ ラ ム

水波の波速に極小値はあるのか？

波速 C，波長 L は周期 T と水深 h で規定されることが式 (2.31)，(2.32) よりわかる。しかし，実現象では，波長が短くなるにつれて波の性質が変化し，本章で誘導した分散関係式（式 (2.29)）が成り立たなくなる。波の性質を変化させる原因として，水面を元に戻そうとする復元力がある。波長が十分短い場合には表面張力が，波長がある程度長い場合には重力がおもな復元力として作用する。図 2.3 に示すように，表面張力がおもな復元力として作用する波を**表面張力波**（capillary wave），重力がおもな復元力として作用する波を**重力波**（gravity wave）という。

図 1 は表面張力波，重力波それぞれの波長と波速の関係を示したものである。図より，二つの波はまったく異なる性質を持つことがわかる。二つの波の特性を考慮した水波の波速と波長の関係は図の実線となり，波長が 1.72 cm のときに波速は 23.2 cm/s の極小値をとる。すなわち，水波は 23.2 cm/s より遅く伝播することはないことがわかる。

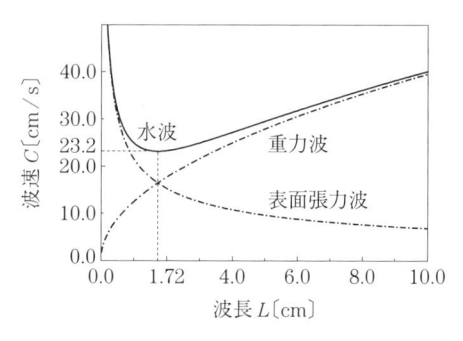

図 1 波長と波速の関係

分散関係式（式 (2.29)）に波数 $k = 2\pi/L$，角周波数 $\sigma = 2\pi/T$ を代入して整理すると，波長 L と波速 C を求める式はつぎのようになる．

$$L = \frac{gT^2}{2\pi} \tanh \frac{2\pi h}{L} \tag{2.31}$$

$$C = \frac{gT}{2\pi} \tanh \frac{2\pi h}{L} \tag{2.32}$$

つまり，分散関係式は波長や波速を規定する式であるといえる．しかし，式 (2.31), (2.32) は双曲線関数を含む超越方程式であるため，解析的に直接求めることができない．そこで，ニュートン法などの繰返し計算により，波長 L および波速 C の近似解を求める必要がある．

2.4.4　水粒子の速度と軌跡

式 (2.27) を式 (2.2) に代入することにより，x, z 方向の水粒子速度 u, w は次式となる．

$$u = \frac{H\sigma}{2} \frac{\cosh k(h+z)}{\sinh kh} \cos(kx - \sigma t) \tag{2.33}$$

$$w = \frac{H\sigma}{2} \frac{\sinh k(h+z)}{\sinh kh} \sin(kx - \sigma t) \tag{2.34}$$

時刻 t における水粒子の位置を (x, z) とすると，次式に示す水粒子速度 u, w との関係が成り立つ．

$$\frac{dx}{dt} = u = \frac{\partial \phi(x, z, t)}{\partial x}, \qquad \frac{dz}{dt} = w = \frac{\partial \phi(x, z, t)}{\partial z} \tag{2.35}$$

図 2.5 に示すように，波の水粒子運動の平均位置を $(\bar{x}, \bar{z})$ とすると，平均位置から水粒子の位置 $(x(t), z(t))$ への変位 $(\xi(t), \zeta(t))$ はつぎのようになる．

$$x(t) = \bar{x} + \xi(t), \qquad z(t) = \bar{z} + \zeta(t) \tag{2.36}$$

上式を式 (2.35) に代入してテイラー展開すると，次式が得られる．

$$\frac{d\xi}{dt} = \frac{\partial \phi(\bar{x} + \xi, \bar{z} + \zeta, t)}{\partial x}$$

$$\fallingdotseq \left(\frac{\partial \phi}{\partial x}\right)_{\bar{x},\bar{z}} + \xi \left(\frac{\partial^2 \phi}{\partial x^2}\right)_{\bar{x},\bar{z}} + \zeta \left(\frac{\partial^2 \phi}{\partial x \partial z}\right)_{\bar{x},\bar{z}} \tag{2.37}$$

$$\frac{d\zeta}{dt} = \frac{\partial \phi(\bar{x}+\xi, \bar{z}+\zeta, t)}{\partial z}$$
$$\fallingdotseq \left(\frac{\partial \phi}{\partial z}\right)_{\bar{x},\bar{z}} + \xi \left(\frac{\partial^2 \phi}{\partial x \partial z}\right)_{\bar{x},\bar{z}} + \zeta \left(\frac{\partial^2 \phi}{\partial z^2}\right)_{\bar{x},\bar{z}} \tag{2.38}$$

第 1 次近似として上式それぞれの右辺第 1 項のみを考慮し，式 (2.33), (2.34) を代入して両辺を積分すると，次式に示す変位 ξ, ζ が求められる．

$$\xi = -\frac{H}{2}\frac{\cosh k(h+\bar{z})}{\sinh kh}\sin(k\bar{x}-\sigma t) \tag{2.39}$$

$$\zeta = \frac{H}{2}\frac{\sinh k(h+\bar{z})}{\sinh kh}\cos(k\bar{x}-\sigma t) \tag{2.40}$$

なお，積分定数は，変位の一周期平均が 0 であるので，0 となる．

$\sin^2(k\bar{x}-\sigma t) + \cos^2(k\bar{x}-\sigma t) = 1$ の関係式を使うと，式 (2.36), (2.39), (2.40) より，つぎに示す楕円の式を得ることができる．

$$\frac{(x-\bar{x})^2}{\left\{\dfrac{H}{2}\dfrac{\cosh k(h+\bar{z})}{\sinh kh}\right\}^2} + \frac{(z-\bar{z})^2}{\left\{\dfrac{H}{2}\dfrac{\sinh k(h+\bar{z})}{\sinh kh}\right\}^2} = 1 \tag{2.41}$$

上式は，図 2.5 に示すように，水粒子がその平均位置 $(\bar{x}, \bar{z})$ を中心に楕円運動し，一周期で楕円軌道を一周して元の位置に戻ることを表す．このことは，微小振幅波理論では波の伝播に伴って水粒子そのものがどの方向にも輸送されないことを意味する．

2.4.5 圧　　　力

微小振幅波理論に基づき，式 (2.12) を線形化すると，次式が得られる．

$$\frac{\partial \phi}{\partial t} + \frac{p}{\rho} + gz = 0 \tag{2.42}$$

式 (2.27) を上式に代入すると，圧力 p は次式となる．

$$p = -\rho \frac{\partial \phi}{\partial t} - \rho g z$$

$$= \rho \frac{gH}{2} \frac{\cosh k(h+z)}{\cosh kh} \cos(kx - \sigma t) - \rho g z \tag{2.43}$$

上式より，波作用下における圧力は波動圧と静水圧の和で表現できることがわかる。

上式と式 (2.26) より，以下の関係式が得られる。

$$\frac{\frac{p}{\rho g} + z}{\eta} = \frac{\cosh k(h+z)}{\cosh kh} = K \tag{2.44}$$

ここで，K は水位変動と水深 h における圧力との関係を示す係数で，**圧力応答係数**（pressure responce factor）と呼ばれ，実際の海域で圧力を計測して水位変動を求める水圧式水位計の計測原理となる。

2.4.6 深海波・浅海波・極浅海波の違い

x の正方向に進行する波 $\eta = a \cos(kx - \sigma t)$ に対して得られた速度ポテンシャル ϕ，x，z 方向の水粒子速度 u，w，圧力 p，水粒子の軌跡，波長 L，波速 C を整理すると，つぎのとおりである。

$$\phi = \frac{H\sigma}{2k} \frac{\cosh k(h+z)}{\sinh kh} \sin(kx - \sigma t) \tag{2.45}$$

$$u = \frac{H\sigma}{2} \frac{\cosh k(h+z)}{\sinh kh} \cos(kx - \sigma t) \tag{2.46}$$

$$w = \frac{H\sigma}{2} \frac{\sinh k(h+z)}{\sinh kh} \sin(kx - \sigma t) \tag{2.47}$$

$$p = \rho \frac{gH}{2} \frac{\cosh k(h+z)}{\cosh kh} \cos(kx - \sigma t) - \rho g z \tag{2.48}$$

$$\frac{(x-\bar{x})^2}{\left\{\frac{H}{2} \frac{\cosh k(h+\bar{z})}{\sinh kh}\right\}^2} + \frac{(z-\bar{z})^2}{\left\{\frac{H}{2} \frac{\sinh k(h+\bar{z})}{\sinh kh}\right\}^2} = 1 \tag{2.49}$$

$$L = \frac{gT^2}{2\pi} \tanh kh \tag{2.50}$$

$$C = \frac{gT}{2\pi} \tanh kh \tag{2.51}$$

図 **2.7** に，$H/L = 0.02$，$h/L = 0.2$，$z/h = 0.5$ の浅海波の条件に対して求められた水位変動，流速，圧力の時間波形を示す。図より，水位変動 η と水平方向流速 u，圧力 p は同位相であり，鉛直方向流速 w のみ $\pi/2$ だけ位相がずれていることがわかる。

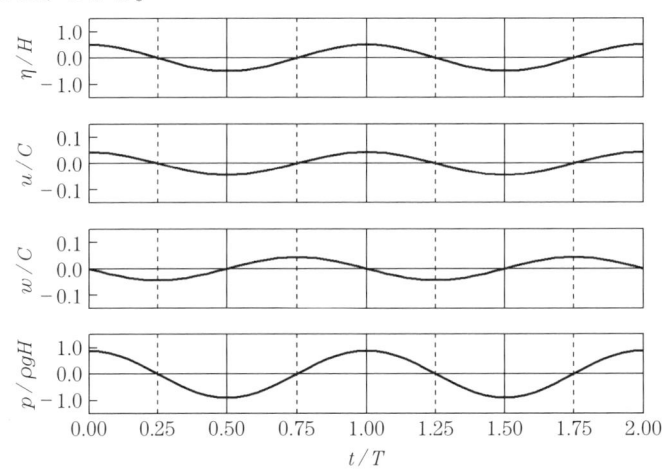

図 **2.7** 水位変動，流速，圧力の時間波形
（$H/L = 0.02$，$h/L = 0.2$，$z/h = 0.5$）

式 (2.45) ～ (2.51) は，微小振幅波の範囲内で，深海波，浅海波，極浅海波すべての波を表現することができる。ただし，式 (2.28) と図 2.6 に示すとおり，双曲線関数は複雑な関数であり，式から波の特性を理解するのは難しい。そこで，双曲線関数をある範囲で近似することにより，波の諸特性について調べる。

〔**1**〕**深 海 波** kh が十分に大きい場合（$h/L > 1/2$），つまり**深海波**（deep water wave）において，双曲線関数は $\sinh kh \to e^{kh}/2$，$\cosh kh \to e^{kh}/2$，$\tanh kh \to 1$，$\sinh k(h+z) \to e^{k(h+z)}/2$，$\cosh k(h+z) \to e^{k(h+z)}/2$ などと近似される。このとき，深海波の波高，波長，波速をそれぞれ H_0，L_0，C_0 で表すと，式 (2.45) ～ (2.51) はつぎのようになる。

$$\phi = \frac{H_0 \sigma}{2k} e^{kz} \sin(kx - \sigma t) \tag{2.52}$$

$$u = \frac{H_0 \sigma}{2} e^{kz} \cos(kx - \sigma t) \tag{2.53}$$

$$w = \frac{H_0 \sigma}{2} e^{kz} \sin(kx - \sigma t) \tag{2.54}$$

$$p = \rho \frac{gH_0}{2} e^{kz} \cos(kx - \sigma t) - \rho g z \tag{2.55}$$

$$\frac{(x - \bar{x})^2}{\left(\frac{H_0}{2} e^{k\bar{z}}\right)^2} + \frac{(z - \bar{z})^2}{\left(\frac{H_0}{2} e^{k\bar{z}}\right)^2} = 1 \tag{2.56}$$

$$L_0 = \frac{gT^2}{2\pi} \tag{2.57}$$

$$C_0 = \frac{gT}{2\pi} \tag{2.58}$$

式 (2.52) 〜 (2.56) から，ϕ, u, w, p, 水粒子の軌跡は水深が深くなるにつれて指数関数的に減少していることがわかる．また，u, w の振幅が等しく，水粒子の軌跡に関しては楕円軌道の長軸と短軸が同じ長さになり，円運動の軌跡を描く．波長と波速は周期のみに依存する．このことは，周期が異なる波が独自の波速で伝播することを意味する．このような波を**分散波**（dispersive wave）という．さまざまな周期を持つ不規則な波では，個々の成分波が独自の波速で伝播するため，時空間的に波形が変化する．このような波を**非定形波**（non-permanent wave）と呼ぶ．

〔**2**〕**極 浅 海 波**　　kh が十分に小さい場合（$h/L < 1/25 〜 1/20$），すなわち**極浅海波**（very shallow water wave）あるいは**長波**（long wave）では，双曲線関数は $\sinh kh \to kh$, $\cosh kh \to 1$, $\tanh kh \to kh$, $\sinh k(h+z) \to k(h+z)$, $\cosh kz \to 1 + (kz)^2/2$, $\cosh k(h+z) = \cosh kh \cosh kz + \sinh kh \sinh kz \to 1 + (kz)^2/2 + (kh)(kz)$ などと近似される．したがって，式 (2.45) 〜 (2.51) は

以下のようになる。

$$\phi = \frac{H\sigma}{2k}\left\{\frac{1}{kh} + kz + \frac{(kz)^2}{kh}\right\}\sin(kx - \sigma t) \tag{2.59}$$

$$u = \frac{H\sigma}{2kh}\cos(kx - \sigma t) \tag{2.60}$$

$$w = \frac{H\sigma}{2}\left(1 + \frac{z}{h}\right)\sin(kx - \sigma t) \tag{2.61}$$

$$p = \rho g(\eta + z) \tag{2.62}$$

$$\frac{(x - \bar{x})^2}{\left(\dfrac{H}{2kh}\right)^2} + \frac{(z - \bar{z})^2}{\left\{\dfrac{H}{2}\left(1 + \dfrac{\bar{z}}{h}\right)\right\}^2} = 1 \tag{2.63}$$

$$L = CT = \sqrt{gh}\,T \tag{2.64}$$

$$C = \sqrt{gh} \tag{2.65}$$

式 (2.60) より，u は水深方向に一定となり，底面においても大きな水平方向流速が生じることから，海底の砂礫等を動かす外力として寄与する。式 (2.62) より，圧力は静水圧分布となっている。水粒子の軌跡に関しては楕円運動を示すが，水平方向に扁平な往復運動となる。式 (2.65) は，波速が水深のみに依存し，同じ水深では，異なる周期を持つ波でも同じ波速で進むことを示す。このような波を**非分散波**（non-dispersive wave）という。水深が一定の場合，波形が変化しないため，このような波を**定形波**（permanent wave）と呼ぶ。

図 **2.8**(a) 〜 (c) は，それぞれ深海波，浅海波，極浅海波に対する水粒子の軌跡と速度を模式的に示したものである。深海波の場合，水粒子運動はほぼ円運動であり，水底に近づくにしたがって小さくなる。極浅海波の場合，楕円の水平方向の大きさは底面から自由表面までほとんど変わらず，自由表面の変動が底層にまで大きな影響を及ぼす。

(a) 深海波

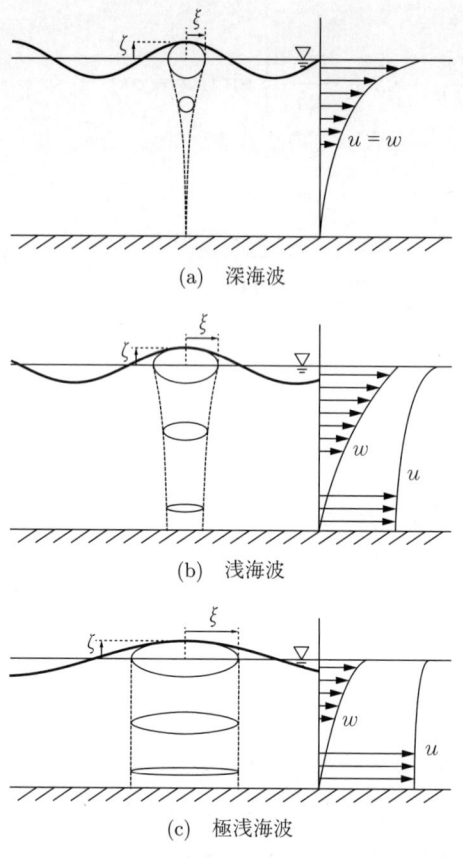

(b) 浅海波

(c) 極浅海波

図 2.8 水粒子の軌跡と速度

2.5 波エネルギーとその輸送

2.5.1 波エネルギー

水面の単位面積あたりの水が持つ波エネルギー E は，力学のエネルギーと同様に，位置エネルギー E_p と運動エネルギー E_k の和として与えられる．

〔1〕**位置エネルギー**　単位面積あたりの**位置エネルギー**（potential energy）E_p は，静水面を基準にとると　質量×重力加速度×高さ　として定義され，一波長平均を施すと次式のようになる．

2.5 波エネルギーとその輸送

$$E_p = \frac{1}{L}\int_{-L/2}^{L/2}\left(\int_0^\eta \rho gz\,dz\right)dx = \frac{1}{16}\rho gH^2 \tag{2.66}$$

〔2〕 **運動エネルギー**　単位面積あたりの**運動エネルギー**（kinetic energy）E_k は (質量×(流速)^2)/2 として与えられ，位置エネルギーと同じく一波長平均すると，次式が得られる。なお，積分が高次数となることから，積分上限を $z=\eta$ から $z=0$ としている。

$$\begin{aligned}E_k &= \frac{1}{L}\int_{-L/2}^{L/2}\left\{\int_{-h}^\eta \frac{1}{2}\rho(u^2+w^2)dz\right\}dx \\ &\fallingdotseq \frac{1}{L}\int_{-L/2}^{L/2}\left\{\int_{-h}^0 \frac{1}{2}\rho(u^2+w^2)dz\right\}dx = \frac{1}{16}\rho gH^2\end{aligned} \tag{2.67}$$

したがって，一波長平均された単位面積あたりの**波エネルギー**（wave energy）E は次式で求められる。

$$E = E_p + E_k = \frac{1}{16}\rho gH^2 + \frac{1}{16}\rho gH^2 = \frac{1}{8}\rho gH^2 \tag{2.68}$$

上式より，位置エネルギーと運動エネルギーが等しいことがわかる。これを**エネルギーの等分配則**（principle of equipartition of energy）という。

2.5.2 群波と群速度

等しい波高 H を持ち，周期が T_1, T_2 と若干異なる二つの波が正方向に進行している場合を考える。このときの水面変動 η は次式で表される。

$$\begin{aligned}\eta &= \frac{H}{2}\cos(k_1x-\sigma_1t) + \frac{H}{2}\cos(k_2x-\sigma_2t) \\ &= H\cos\left(\frac{k_1-k_2}{2}x - \frac{\sigma_1-\sigma_2}{2}t\right)\cos\left(\frac{k_1+k_2}{2}x - \frac{\sigma_1+\sigma_2}{2}t\right)\end{aligned} \tag{2.69}$$

ここで，k_1, k_2 と σ_1, σ_2 はそれぞれ周期 T_1, T_2 に対する波数と角周波数である。

上式と**図 2.9** より，二つの合成波形は，波数 $(k_1-k_2)/2$, 角周波数 $(\sigma_1-\sigma_2)/2$ を持つ波（**包絡波**（envelope wave））と，波数 $(k_1+k_2)/2$, 角周波数 $(\sigma_1+\sigma_2)/2$

$$\cdots\cdots\ H\cos\left(\frac{k_1-k_2}{2}x - \frac{\sigma_1-\sigma_2}{2}t\right)$$

$$\text{———}\ \eta = H\cos\left(\frac{k_1-k_2}{2}x - \frac{\sigma_1-\sigma_2}{2}t\right)\cos\left(\frac{k_1+k_2}{2}x - \frac{\sigma_1+\sigma_2}{2}t\right)$$

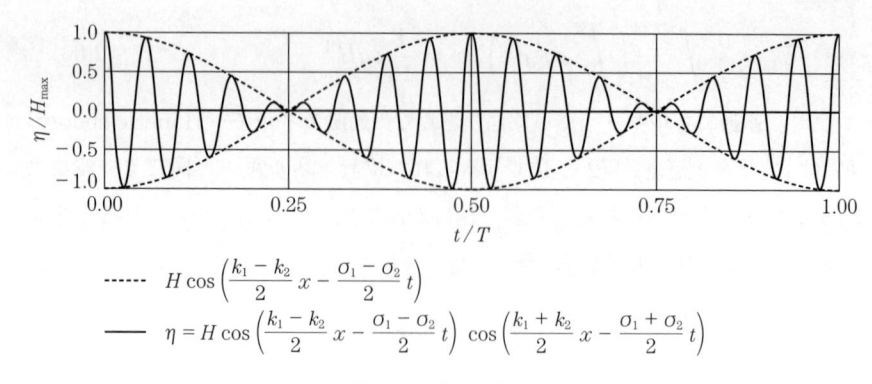

図 2.9 群波の波形

を持つ波（**搬送波**（carrier wave））の積で表現される．また，一つの包絡に含まれる搬送波のかたまりを**波束**（wave packet）と呼ぶ．このように，波が群を成して進む波を**群波**（group wave）という．

包絡波の波速を C_g とすると，C_g は次式のように与えられる．

$$C_g = \frac{\sigma_1 - \sigma_2}{k_1 - k_2} \tag{2.70}$$

二つの波の周期がほぼ等しい場合（$k_1 \fallingdotseq k_2$, $\sigma_1 \fallingdotseq \sigma_2$）を考えると，上式は次式で表現される．

$$C_g = \frac{d\sigma}{dk} \tag{2.71}$$

上式は群波の伝播速度を表し，**群速度**（group velocity）という．

二つの波の周期が限りなく近い場合の搬送波の波速 C は次式となる．

$$C = \frac{\sigma_1 + \sigma_2}{k_1 + k_2} \fallingdotseq \frac{\sigma}{k} \tag{2.72}$$

式 (2.71) より，分散関係式（式 (2.29)）の両辺の対数をとり，それを波数 k で微分して整理すると，次式が得られる．

$$C_g = \frac{d\sigma}{dk} = \frac{1}{2}\left(1 + \frac{2kh}{\sinh 2kh}\right)C \tag{2.73}$$

群速度 C_g と波速 C の比を n とすると，n は次式となる．

$$n = \frac{C_g}{C} = \frac{1}{2}\left(1 + \frac{2kh}{\sinh 2kh}\right) \tag{2.74}$$

極浅海波では，上式の（　）内の第 2 項は 1 で近似されるため $n = 1$ となり，群速度と波速は等しくなる．浅海波では，n は 1 より小さくなる．深海波の場合，上式の第 2 項が 0 で近似されるため，$n = 1/2$ となる．これは，深海波の群速度は搬送波の 1/2 の速度でしか伝播しないことを意味する．

2.5.3 波エネルギーの輸送

図 2.10 に示すように，鉛直断面を通過して輸送される波エネルギー W を求める．鉛直方向に dz の高さを持つ面を通って単位時間に x の正方向に輸送される水の質量は $\rho u\,dz$ で与えられる．単位質量あたりの水が持つエネルギーは $(u^2 + w^2)/2 + p/\rho + gz$ であるので，一周期平均された波エネルギーの輸送量 W は次式で表される．

$$W = \frac{1}{T}\int_0^T \left\{\int_{-h}^{\eta}\left(\frac{u^2 + w^2}{2} + \frac{p}{\rho} + gz\right)\rho u\,dz\right\}dt \tag{2.75}$$

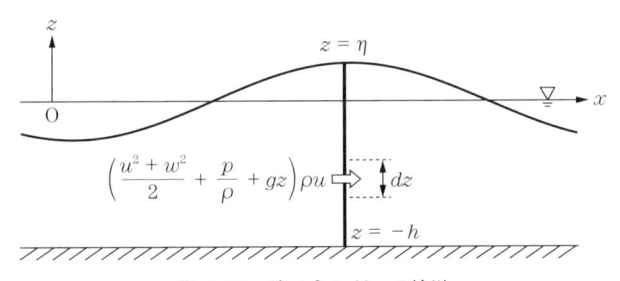

図 2.10 波エネルギーの輸送

式 (2.42) のベルヌーイの式から，上式の積分の（　）内は $-\partial\phi/\partial t$ で置き換えられ，同式を式 (2.27) を用いて整理すると，次式が得られる．なお，積分が高次数となることから，積分の上限を 0 に近似している．

$$W = \frac{1}{T}\int_0^T \left(-\rho\int_{-h}^{\eta}\frac{\partial\phi}{\partial t}u\,dz\right)dt$$

$$\fallingdotseq \frac{1}{T}\int_0^T \left(-\rho \int_{-h}^0 \frac{\partial \phi}{\partial t} u\, dz\right) dt$$

$$= \frac{1}{8}\rho g H^2 C \left(1 + \frac{2kh}{\sinh 2kh}\right) \frac{1}{T}\int_0^T \cos^2(kx - \sigma t)\, dt$$

$$= \frac{1}{16}\rho g H^2 C \left(1 + \frac{2kh}{\sinh 2kh}\right)$$

$$= EC_g \tag{2.76}$$

上式より，波エネルギー E は群速度 C_g で輸送されることがわかる．つまり，**群速度**（group velocity）はエネルギーの輸送速度であるといえる．

砕波や底面摩擦などのエネルギー損失がない場合，波エネルギーの輸送量 W は一定となり，次式が成立する．

$$W = EC_g = 一定 \tag{2.77}$$

波の変形を考える上で，上式は重要である．

2.6　有限振幅波

　水面の変動が増大し，水粒子の運動も大きくなると，微小振幅波理論では波の特性を表現することができなくなる．そのため，波の非線形性を考慮した理論，すなわち**有限振幅波理論**（finite amplitude wave theory）を適用する必要がある．有限振幅波理論に基づく波として，深海波から浅海波を対象とする**ストークス波**（Stokes wave），極浅海波を適用対象とする**クノイド波**（Cnoidal wave），単独の山または谷のみが波形を変えずに一定の速度で伝播する**孤立波**（solitary wave）などがある．有限振幅波理論の詳細については，他の専門書を参考にされたい[2)～4)]．

　本節では，ストークス波の理論について概説する．この理論に基づく速度ポテンシャルを求めるためには，非線形項を含む各種境界条件（式 (2.15), (2.16), (2.19)）を満たすように，波の基礎方程式（式 (2.3)）を解く必要がある．しか

し，非線形な境界条件を用いて解析解を直接求めることはできない．そこで，速度ポテンシャル，水位変動等の物理量を波形勾配に関連した微小パラメータ（摂動パラメータ）のべき級数に展開して近似解を求める方法，すなわち**摂動法**（perturbation method）がよく使われる．

摂動法を用いて得られたストークス波の第 3 次近似解と微小振幅波の時間波形を，図 **2.11** に例示する．図より，微小振幅波では上下対称な波となるが，ストークス波では，波の非線形性の影響により，波峰がとがり，波谷が平坦となる上下非対称な波形を有していることがわかる．

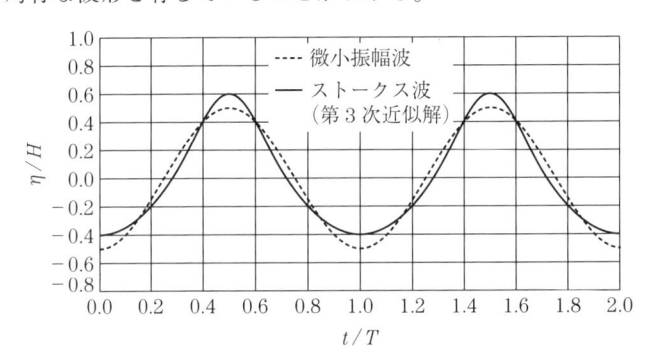

図 **2.11** 有限振幅波と微小振幅波の時間波形
($H/L = 0.05$, $h/L = 0.05$)

有限振幅波の水粒子運動については，微小振幅波で見られた完全な楕円運動ではなく，図 **2.12** に示すように，一周期後，元の位置より前進する．このことを**質量輸送**（mass transport），あるいは**ストークスドリフト**（Stokes drift）と呼ぶ．また，この速度を**質量輸送速度**（mass transport velocity）といい，次式で与えられる．

$$\overline{U} = \frac{1}{8} H^2 k \sigma \frac{\cosh 2k(h+\bar{z})}{\sinh^2 kh} \tag{2.78}$$

岩垣[5]が提案した微小振幅波理論と有限振幅波理論の適用範囲を図 **2.13** に示す．図の Π は合田[6]の非線形パラメータで，次式で定義される．

$$\Pi = \frac{H}{L} \coth^3 \frac{2\pi h}{L} \tag{2.79}$$

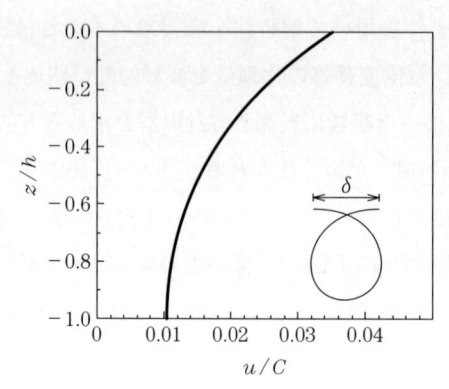

図 2.12 質量輸送速度の鉛直分布
($H/L = 0.05$, $h/L = 0.05$)

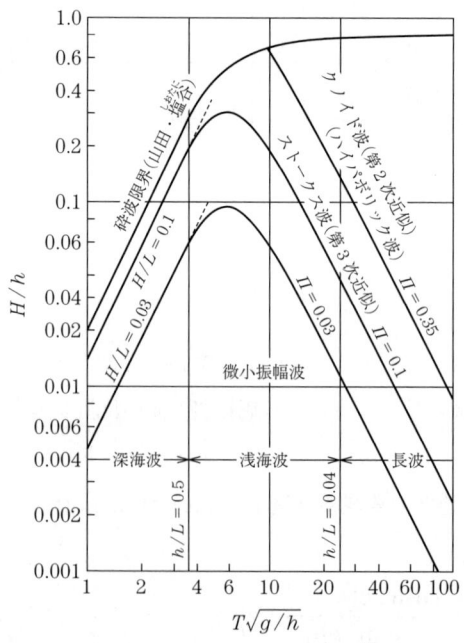

図 2.13 波動理論の適用範囲[5]

図より，微小振幅波理論，ストークス波の第3次近似理論，クノイド波の第2次近似理論の適用範囲は，それぞれ $\Pi < 0.03$，$0.1 < \Pi < 0.35$，$\Pi > 0.35$ である．

演習問題

〔**2.1**〕 微小振幅進行波の速度ポテンシャル ϕ が式 (2.27) で示されることを証明せよ．

〔**2.2**〕 進行波の位置エネルギー E_p と運動エネルギー E_k がそれぞれ $\rho g H^2/16$ となることを証明せよ．

〔**2.3**〕 群速度 C_g と波速 C の関係を示す式 (2.73) を誘導せよ．

〔**2.4**〕 波高 1.2 m，周期 8 s，波速 6 m/s を満たす x の正方向に進行する規則波の式を示せ．

〔**2.5**〕 深海域に設置された浮標が，波によって上下運動を繰り返している．いま，1 分間に 10 回の上下動が観測され，その高さは 1.2 m であった．このときの波長，波速，群速度，および波エネルギーの輸送量を求めよ．

〔**2.6**〕 微小振幅波理論に基づき，波の波長を求めるためには，式 (2.31) を繰返し計算により解く必要がある．波長を求めるための計算フローチャートを記述せよ．

3章 波の変形

◆本章のテーマ

　沖合から岸に向かって進行する波の変形過程とその特性を理解することは，沿岸海象の解明のみならず，沿岸域の防災と環境を考える上で重要である．本章では，波の変形のうち，浅水変形，波の反射，波の屈折，波の回折，砕波，流れによる波の変形について説明する．

◆本章の構成（キーワード）

3.1　波の変形の分類
　　　浅水変形，波の反射，波の屈折，波の回折，砕波
3.2　浅水変形
　　　浅水係数
3.3　波の反射
　　　完全重複波，部分重複波，反射率，ヒーリーの方法
3.4　波の屈折
　　　屈折係数，換算沖波波高，スネルの法則
3.5　波の回折
　　　ホイヘンスの原理，ヘルムホルツ方程式，回折係数
3.6　砕　波
　　　砕波形式，砕波帯相似パラメータ，砕波限界，wave set-down, wave set-up
3.7　流れによる波の変形
　　　順流，逆流

◆本章を学ぶと以下の内容をマスターできます

☞　波の変形の分類
☞　浅水変形・反射・屈折・回折・砕波の基本特性
☞　流れによる波の変形特性

3.1　波の変形の分類

　沖合で発生・発達した波は，図 **3.1** に示すように，その性質をいろいろと変化させながら岸に伝播している。ここでは，波の変形の分類について簡単に説明する。

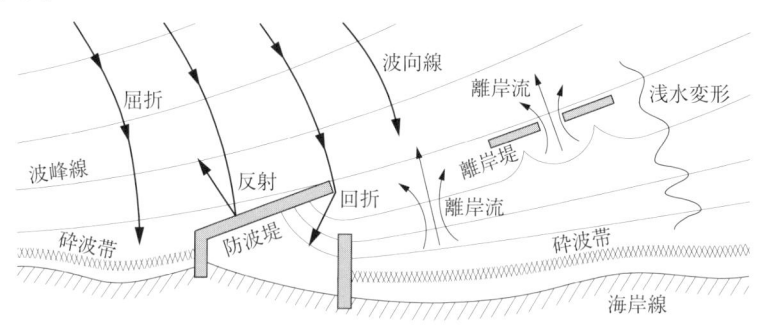

図 3.1　波の変形

　波の変形は，おもに①波の進行方向の鉛直断面内で生じる1次元的な波の変形と②水平面内で生じる平面2次元的な波の変形に分類される。1次元的な波の変形として，水深の変化に伴う**浅水変形**（wave shoaling），波が砕ける現象の**砕波**（wave breaking），海底摩擦，海底砂層への浸透，内部粘性などによる波高減衰が挙げられる。平面2次元的な波の変形としては，沿岸構造物等からの**波の反射**（wave reflection），水深の変化により波が曲がる**波の屈折**（wave refraction），沿岸構造物背後の遮蔽領域に波が回り込む**波の回折**（wave diffraction）などがある。実際の海域では，1次元的・平面2次元的な波の変形が複雑に絡み合って発生している。

3.2　浅水変形

　波が沖合から浅い水域に到達すると，しだいに波高，波長，波速が変化する。これを**浅水変形**（wave shoaling）と呼ぶ。ここでは，沖への波の反射が生じず，微小振幅波の仮定が成り立つとして，浅水変形について解説する。

3.2.1 波高変化と浅水係数

図 **3.2** に示すように，断面 $x = x$ と断面 $x = x + \Delta x$ で囲まれる領域における単位長さあたりの一周期平均された波エネルギーを $E(x,t)$ とする．断面 $x = x$ を通過して領域内に輸送される単位時間あたりの波エネルギーを $W(x,t)$ とすると，断面 $x = x + \Delta x$ から領域外に流出する単位時間あたりの波エネルギーは $W + (\partial W/\partial x)\Delta x$ となる．領域内で逸散される単位時間・単位長さあたりの波エネルギーを $D(x,t)$ とすると，波エネルギーの保存則から次式が得られる．

$$\frac{\partial E}{\partial t} + \frac{\partial W}{\partial x} + D = 0 \tag{3.1}$$

ここでは，現象を簡便にするため，波の性質は時間的に変化しない定常状態 ($\partial E/\partial t = 0$) を仮定し，波エネルギーの逸散はない ($D = 0$) とする．したがって，式 (3.1) は次式となり，輸送される波エネルギー W はどの断面においても一定となる．

$$\frac{\partial W}{\partial x} = 0 \tag{3.2}$$

波エネルギーの輸送量 W は，式 (2.76) より，$W = EC_g$ で与えられるため，上式は次式となる．

$$W = EC_g = \frac{1}{8}\rho g H^2 C_g = 一定 \tag{3.3}$$

上式より，沖波（沖合での波）と任意位置の波に対するエネルギーの輸送量は一定なので，次式が成り立つ．

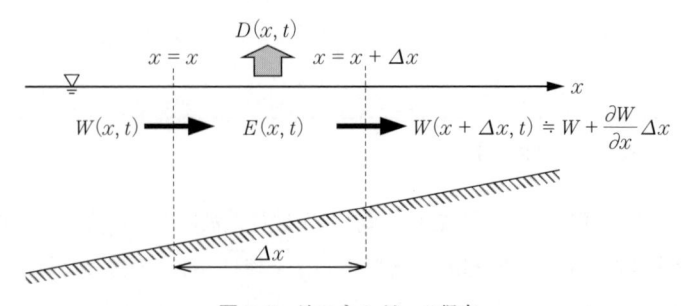

図 **3.2** 波エネルギーの保存

$$\frac{1}{8}\rho g H_0^2 C_{g0} = \frac{1}{8}\rho g H^2 C_g$$

ここで，下付きの 0 は沖波，すなわち深海波を表す。

よって，任意位置における波高 H と沖波波高 H_0 の比 H/H_0 は次式となる。

$$\frac{H}{H_0} = \sqrt{\frac{C_{g0}}{C_g}} = \sqrt{\frac{C_0}{2C_g}} = K_s \tag{3.4}$$

ここで，K_s は沖波波高に対する浅海域での波高比を表す係数であり，**浅水係数**（shoaling coefficient）と呼ばれる。

図 **3.3** に，水深・沖波波長の比 h/L_0 と浅水係数 K_s，無次元群速度 C_g/C_0 の関係を示す。h/L_0 が小さくなるにつれて，K_s が一旦減少し，その後，増大している。これは，図からわかるように，エネルギーの輸送速度を表す群速度 C_g の性質のためである。

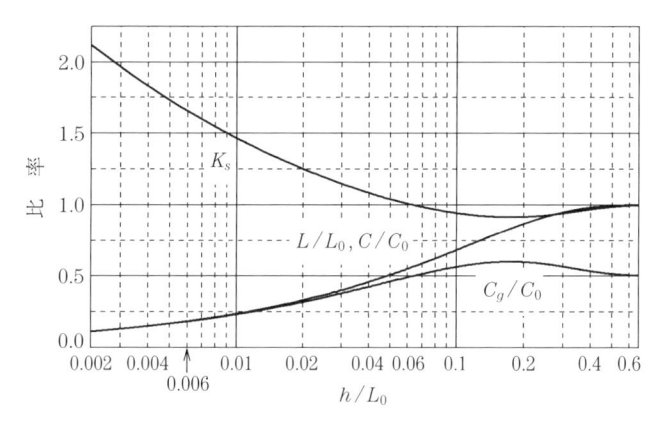

図 **3.3** 水深変化に伴う波の諸量の変化

3.2.2 波長・波速の変化

波長 L，波速 C と水深 h の関係は，分散関係式（式 (2.29)）より，次式で表される。

$$\frac{L}{L_0} = \frac{C}{C_0} = \tanh\frac{2\pi h}{L} \tag{3.5}$$

上式および水深・沖波波長比 h/L_0 と無次元波長 L/L_0，無次元波速 C/C_0 の関係を示す図3.3からわかるように，h/L_0 が小さくなると，波長と波速は減少する。

3.3 波の反射

3.3.1 完全重複波

波高と周期が等しく，進行方向が正反対である二つの波が重なり合ってできる波を**完全重複波**（standing wave）という。完全重複波は，鉛直壁面に波が垂直に入射し，エネルギー損失がなく波が反射した場合に壁面前面で形成される。

入射波，反射波，合成波の波形をそれぞれ η_i, η_r, η とすると，入射波と反射波の位相差はないものとして，以下のようになる。

$$\eta_i = \frac{H}{2}\cos(kx - \sigma t) \tag{3.6}$$

$$\eta_r = \frac{H}{2}\cos(kx + \sigma t) \tag{3.7}$$

$$\eta = \eta_i + \eta_r = H\cos kx \cos \sigma t \tag{3.8}$$

式 (3.8) に示すように，完全重複波は振幅 $H\cos kx$ が距離とともに変化する正弦波である。つまり，完全重複波の水面は鉛直方向にのみ運動し，波は進行しない。そのため，完全重複波は**定常波**（stationary wave）とも呼ばれる。具体的には，$x = (2n-1)L/4$ $(n = 1, 2, \cdots)$ のとき，$\cos kx = 0$ となり水位変動の振幅が0で水面は動かない。この位置を**節**（node）と呼ぶ。一方，$x = (n-1)L/2$ $(n = 1, 2, \cdots)$ のとき，$\cos kx = 1$ となり振幅は最大値 H を示す。この位置を**腹**（antinode）と呼ぶ。完全重複波の水面変動の一例を図 **3.4** に示す。

完全重複波の速度ポテンシャル ϕ についても，水位変動と同様に，x の正方向の進行波と負方向の進行波の速度ポテンシャルの和として次式で表される。

3.3 波の反射

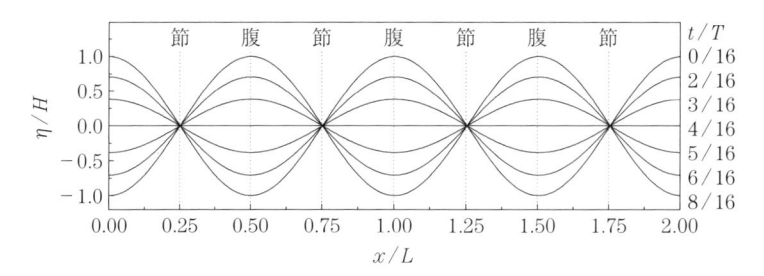

|節|腹|節|腹|節|腹|節|

図 3.4 完全重複波の波形（$H/L = 0.02$, $h/L = 0.2$）

$$\phi = \frac{H\sigma}{2k}\frac{\cosh k(h+z)}{\sinh kh}\sin(kx - \sigma t) - \frac{H\sigma}{2k}\frac{\cosh k(h+z)}{\sinh kh}\sin(kx + \sigma t)$$

$$= -\frac{H\sigma}{k}\frac{\cosh k(h+z)}{\sinh kh}\cos kx \sin \sigma t \tag{3.9}$$

上式を x と z でそれぞれ偏微分すると，x, z 方向の水粒子速度 u, w がそれぞれ次式で表される。

$$u = \frac{\partial \phi}{\partial x} = H\sigma\frac{\cosh k(h+z)}{\sinh kh}\sin kx \sin \sigma t \tag{3.10}$$

$$w = \frac{\partial \phi}{\partial z} = -H\sigma\frac{\sinh k(h+z)}{\sinh kh}\cos kx \cos \sigma t \tag{3.11}$$

式 (3.10), (3.11) からわかるように，腹の位置では $\sin kx = 0$ のため $u = 0$ となり，水粒子の運動は鉛直方向のみとなる。一方，節の位置では $\cos kx = 0$ であるため $w = 0$ となり，水粒子の運動は水平方向のみとなる。

圧力 p に関しては，式 (2.42), (3.9) より，次式のようになる。

$$p = -\rho\frac{\partial \phi}{\partial t} - \rho g z = \rho g H\frac{\cosh k(h+z)}{\cosh kh}\cos kx \cos \sigma t - \rho g z \tag{3.12}$$

3.3.2 部分重複波と反射率

一般的に，入射波が防波堤などの沿岸構造物で反射する場合，エネルギー損失が生じ，反射波の波高 H_r は入射波の波高 H_i よりも減少する。このような重複波を**部分重複波**（partial standing wave）と呼ぶ。部分重複波の水面波形は次式で表される。

$$\eta = \eta_i + \eta_r = \frac{H_i}{2}\cos(kx - \sigma t) + \frac{H_r}{2}\cos(kx + \sigma t)$$

$$= \frac{H_i + H_r}{2}\cos kx \cos \sigma t + \frac{H_i - H_r}{2}\sin kx \sin \sigma t \quad (3.13)$$

上式より，$\sin kx = 0$ のとき波高は最大で，$H_i + H_r$ となる。この位置が腹になる。一方，$\cos kx = 0$ のとき波高は最小で，$H_i - H_r$ となり，この位置が節になる。部分重複波の腹と節の位置は，完全重複波と同様，$L/4$ ごとに現れる。

式 (3.13) の部分重複波に対する速度ポテンシャル ϕ は以下のようになる。

$$\phi = \frac{H_i \sigma}{2k}\frac{\cosh k(h+z)}{\sinh kh}\sin(kx - \sigma t) - \frac{H_r \sigma}{2k}\frac{\cosh k(h+z)}{\sinh kh}\sin(kx + \sigma t)$$

$$= \frac{(H_i - H_r)\sigma}{2k}\frac{\cosh k(h+z)}{\sinh kh}\sin(kx - \sigma t)$$

$$- \frac{H_r \sigma}{k}\frac{\cosh k(h+z)}{\sinh kh}\cos kx \sin \sigma t \quad (3.14)$$

上式より，部分重複波は，波高 $H_i - H_r$ の進行波と波高 $2H_r$ の完全重複波が重なり合った波とみなせる。

つぎに，部分重複波の反射をエネルギーの観点から検討する。図 **3.5** に示すように，反射壁の前面に仮想断面 $x = x$ を設け，この断面と反射壁の間の領域でエネルギーの保存を考える。仮想断面 $x = x$ を通過する入射波と反射波のエネルギー輸送量をそれぞれ W_i, W_r, 領域内で単位時間あたりに逸散する波エネルギーを D とすると，次式が成立する。

$$W_i - W_r = D \quad (3.15)$$

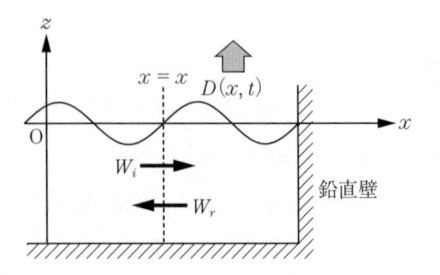

図 **3.5** 1 次元的な波の反射

エネルギー逸散率 D と入射波高に対する反射波高の比 H_r/H_i の関係を求めると，次式となる．

$$D = W_i - W_r = E_i C_g \left(1 - \frac{E_r}{E_i}\right) = E_i C_g \left(1 - \frac{H_r^2}{H_i^2}\right) \tag{3.16}$$

ここで，E_i，E_r はそれぞれ入射波と反射波のエネルギーである．

入射波と反射波の波高比 H_r/H_i を**反射率**（reflection coefficient）K_R と定義すると，K_R は次式で与えられる．

$$K_R = \frac{H_r}{H_i} = \sqrt{1 - \frac{D}{E_i C_g}} \tag{3.17}$$

上式より，エネルギー逸散率 D と入射波のエネルギー輸送量 $E_i C_g$ の比から反射率 K_R が決まることがわかる．すなわち，$K_R = 1$ のときは完全反射，$K_R < 1$ のときは部分反射となる．

前述のとおり，重複波は腹で最大波高 $H_{\max}$ が，節で最小波高 $H_{\min}$ が現れ，その間隔は $L/4$ である．式 (3.13) より，$H_{\max} = H_i + H_r = (1 + K_R) H_i$，$H_{\min} = H_i - H_r = (1 - K_R) H_i$ となり，次式を得ることができる．

$$H_i = \frac{1}{2}(H_{\max} + H_{\min}), \qquad H_r = \frac{1}{2}(H_{\max} - H_{\min}) \tag{3.18}$$

よって，反射率 K_R は重複波の最大波高と最小波高を観測することにより，次式で求められる．

$$K_R = \frac{H_{\max} - H_{\min}}{H_{\max} + H_{\min}} \tag{3.19}$$

この方法を**ヒーリーの方法**（Healy's method）と呼ぶ．ヒーリーの方法は簡便に反射率を算定できるため，規則波の実験ではしばしば利用される．

既往の水理模型実験や現地観測の結果に基づいた反射率の概略値は**表 3.1** のとおりである．表からわかるように，構造形式によって反射率は異なり，自然海浜が最もエネルギー逸散率が高い．斜面や自然海浜の反射率は波形勾配 H/L に反比例し，長周期な波ほど大きくなることが知られている．

表 3.1　反射率の概略値[1]

構造形式	反射率
直立壁（天端が静水面上）	0.7〜1.0
直立壁（天端が静水面下）	0.5〜0.7
捨石斜面（2〜3割勾配）	0.3〜0.6
異形消波ブロック斜面	0.3〜0.5
直立消波構造物	0.3〜0.8
自然海浜	0.05〜0.2

3.4　波の屈折

3.4.1　波高変化と屈折係数

水深の違いにより波の伝播速度が異なるため，図 3.6 に示すように，波の進行方向が変化する。この現象を**波の屈折**（wave refraction）という。一般に，凹型の海岸形状の場合は波エネルギーが発散し，岬のように沖側に凸の海岸地形の場合には波が集中する。

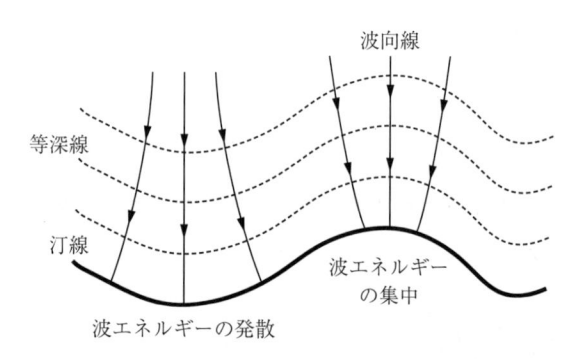

図 3.6　地形による波向線の変化と波エネルギーの集中・発散

図 3.7 に示すように，2 本の波向線間における断面 1 と断面 2 を通過する波エネルギーを考える。定常状態でエネルギー損失がない場合，波向線方向の波エネルギーの輸送量は一定となる。よって，沖波と任意地点の断面を通過する波エネルギー輸送量の保存を考えると，次式が成立する。

$$E_0 C_{g0} b_0 = E C_g b \tag{3.20}$$

3.4 波の屈折

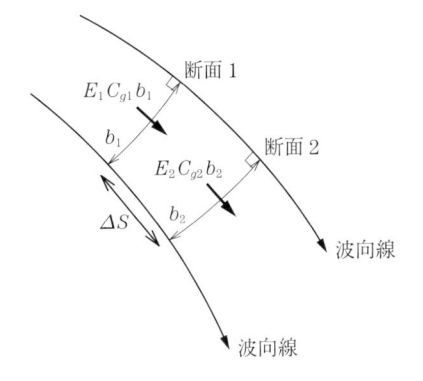

図 3.7 二つの波向線内における波エネルギーの輸送

ここで，b は波向線の間隔を表す。

上式より，波の屈折による波高変化 H/H_0 は次式で表される。

$$\frac{H}{H_0} = \sqrt{\frac{C_{g0}}{C_g}}\sqrt{\frac{b_0}{b}} = \sqrt{\frac{C_0}{2C_g}}\sqrt{\frac{b_0}{b}} \tag{3.21}$$

$\sqrt{C_{g0}/C_g}$ および $\sqrt{C_0/2C_g}$ は，式 (3.4) より，浅水係数 K_s である。すなわち，屈折の影響によって，$\sqrt{b_0/b}$ の分だけ波高が変化することになる。これを**屈折係数**（refraction coefficient）K_r と呼び，次式となる。

$$K_r = \sqrt{\frac{b_0}{b}} \tag{3.22}$$

したがって，式 (3.21) は，次式のとおり，浅水係数 K_s と屈折係数 K_r の積となる。

$$\frac{H}{H_0} = K_s K_r \tag{3.23}$$

上式は，浅水変形と波の屈折を分離して取り扱えることを意味する。

式 (3.22) から理解できるように，波向線の間隔が広がる場合には，K_r が小さくなり波高が減少する。一方，波向線の間隔が狭くなる場合には，波エネルギーが集中して波高が増幅する。

つぎに，次式で定義される**換算沖波波高**（equivalent deep-water wave height）H_0' について考える。

$$H_0' = K_r H_0 \tag{3.24}$$

上式より，式 (3.23) は次式となる．

$$\frac{H}{H_0'} = K_s \tag{3.25}$$

よって，波の屈折の影響をあらかじめ考慮した換算沖波波高 H_0' を導入することにより，浅水係数のみで波高変化を評価することができる．

3.4.2 屈折係数の算定

式 (3.22) から屈折係数を算定するためには波向線間隔 b を求める必要があり，波向線間隔に関する微分方程式を波向線の計算と同時に解く方法[2]などがこれまで提案されている．ここでは，波向き角 θ を用いた屈折係数 K_r の算定方法について説明する．

図 3.8 に示すように，水深が h_1 から h_2 に急変する海域を取り上げる．水深 h_1 の領域 1 では，波が海岸線の法線方向に対して角度 θ_1 で入射する．水深 h_2 の領域 2 では，波の屈折によって波の進行方向が θ_2 に変化する．波速 C は，図 3.3 からわかるように，波の周期が一定の場合，水深が浅いほど小さくなる．よって，この場合，$h_1 > h_2$ であるので，$C_1 > C_2$ となる．

波向き線 A 上の波が点 O に達したときの波峰線は OC 上にある．時間 Δt 後

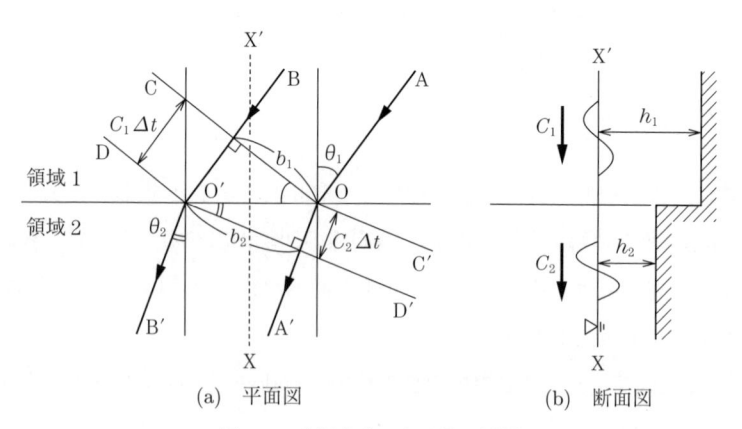

図 3.8 水深変化による波の屈折

3.4 波の屈折

には，この波峰線が $O'D'$ に到達したとすると，領域1での波峰線の移動距離は $C_1 \Delta t$ である．領域2における波峰線の移動距離は $C_2 \Delta t$ であり，波峰線は $DO'D'$ のように曲がることになり，波の進行方向も変化する．一方，領域1から領域2に波が進行すると，波向線間の幅も b_1 から b_2 に変化する．

図 3.8 から，幾何学的に $\overline{OO'} = C_1 \Delta t / \sin\theta_1 = C_2 \Delta t / \sin\theta_2$ となり，以下の関係式が得られる．

$$\frac{C_1}{\sin\theta_1} = \frac{C_2}{\sin\theta_2} \tag{3.26}$$

上式は，光の屈折でよく知られる**スネルの法則**（Snell's law）である．この式より，屈折は，波速の違いによって波の進行方向が変化する現象であるといえる．

沖での波向き角を θ_0 とすると，等深線が直線でかつ海岸線に平行な海域における任意地点での波向き角 θ は，式 (3.5)，(3.26) より，次式となる．

$$\sin\theta = \frac{C}{C_0}\sin\theta_0 = \tanh\frac{2\pi h}{L}\sin\theta_0 \tag{3.27}$$

上式より，波向き角 θ が水深波長比 h/L の関数で表されることがわかる．$h/L \to 0$ の極限，つまり汀線では，波向きが海岸線に直角（$\theta \to 0°$）となる．

図 3.8 から，幾何学的に $\overline{OO'} = b_1/\cos\theta_1 = b_2/\cos\theta_2$ となり，次式が得られる．

$$\frac{b_1}{\cos\theta_1} = \frac{b_2}{\cos\theta_2} \tag{3.28}$$

したがって，沖波に対する任意位置における波の屈折係数 K_r は，式 (3.22)，(3.28) より，次式で表現される．

$$\begin{aligned}K_r &= \sqrt{\frac{b_0}{b}} = \sqrt{\frac{\cos\theta_0}{\cos\theta}} = \left(\frac{1-\sin^2\theta_0}{1-\sin^2\theta}\right)^{\frac{1}{4}} \\ &= \left\{1 + \left(1 - \tanh^2\frac{2\pi h}{L}\right)\tan^2\theta_0\right\}^{-\frac{1}{4}}\end{aligned} \tag{3.29}$$

図 **3.9** は，上式に基づいて，海岸線に平行な等深線を有する海域を対象に，波向き角 θ，屈折係数 K_r と h/L_0 の関係を示したものである．図より，沖波の

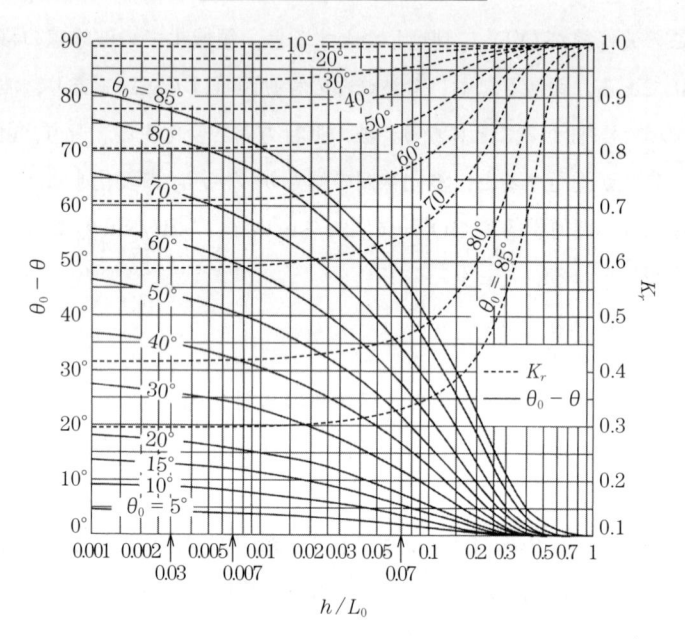

図 3.9 平行等深線を有する海域での波向き角 θ と屈折係数 K_r [3)]

波向き角 θ_0 が大きく，水深が小さくなるほど，K_r は減少する．また，つねに $K_r < 1$ なので，平行な等深線を持つ海域では，屈折の影響によって沖波よりも波高が小さい．

3.5 波の回折

図 **3.10** に示すような直線状の防波堤に波が直角に入射するときの波動場を考える．水深が変化しない場合には，波の屈折が発生しないため，波向線は直線となり，防波堤背後の遮蔽領域（図の影の部分）に波が進入しない．つまり，遮蔽領域の境界で波高あるいは波エネルギーの不連続が生じることになる．実際には，図に示すように，防波堤背後の遮蔽領域にも波は伝播する．このような遮蔽領域に波が回り込む現象を**波の回折**（wave diffraction）と呼ぶ．回折は，波エネルギーの不連続を平滑化するように，波エネルギーを輸送する現象とい

3.5 波の回折

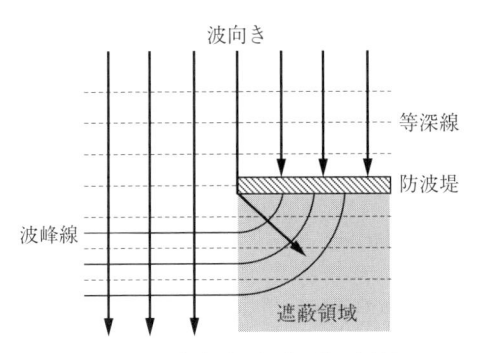

図 3.10 防波堤における波の回折

える。また，回折現象は，ある時刻の波面上の各点から発生する球面波が重なって新たな波面を作り出す**ホイヘンスの原理**（Huygens' principle）に従うことが知られている。

ラプラス方程式（式 (2.3)）を用いて，波の回折現象を表現する。回折は平面 2 次元的な現象であることから，以下のように速度ポテンシャル ϕ を仮定する。

$$\phi = Ai\,F(x,y)\,e^{i\sigma t}\cosh k(z+h) \tag{3.30}$$

ここで，A は複素振幅，$i = \sqrt{-1}$，$F(x,y)$ は水平面における任意関数である。

上式を式 (2.3) に代入して整理すると，次式のとおり，**ヘルムホルツ方程式**（Helmholtz equation）が導出される。

$$\frac{\partial^2 F}{\partial x^2} + \frac{\partial^2 F}{\partial y^2} + k^2 F = 0 \tag{3.31}$$

微小振幅波理論に基づく自由表面の運動学的境界条件を表す式 (2.21) に，式 (3.30) を代入すると，次式が得られる。

$$\eta = \frac{A\sigma}{g}F(x,y)\,e^{i\sigma t}\cosh kh \tag{3.32}$$

y の正方向に進行する波は $F(x,y) = e^{-iky}$ であるので，上式より，その入射波形 η_i はつぎのようになる。

$$\eta_i = \frac{A\sigma}{g}e^{i(-ky+\sigma t)}\cosh kh \tag{3.33}$$

式 (3.32), (3.33) より, η と η_i の比をとると, 次式が得られる.

$$\frac{\eta}{\eta_i} = e^{iky} F(x, y) \tag{3.34}$$

したがって, 入射波高 H_i に対する任意地点の波高 H の比は次式となる.

$$\frac{H}{H_i} = \left|\frac{\eta}{\eta_i}\right| = |F(x, y)| = K_d \tag{3.35}$$

これを**回折係数**（diffraction coefficient）K_d と呼ぶ.

入射波との位相差は, 次式で表される.

$$\arg\left(\frac{\eta}{\eta_i}\right) = ky + \arg(F(x, y)) \tag{3.36}$$

図 3.11 は解析的に求めた半無限防波堤に対する回折係数の等値線図[3]である. 図から, 防波堤背後の遮蔽領域の境界における回折係数は 0.5〜0.6 であることがわかる.

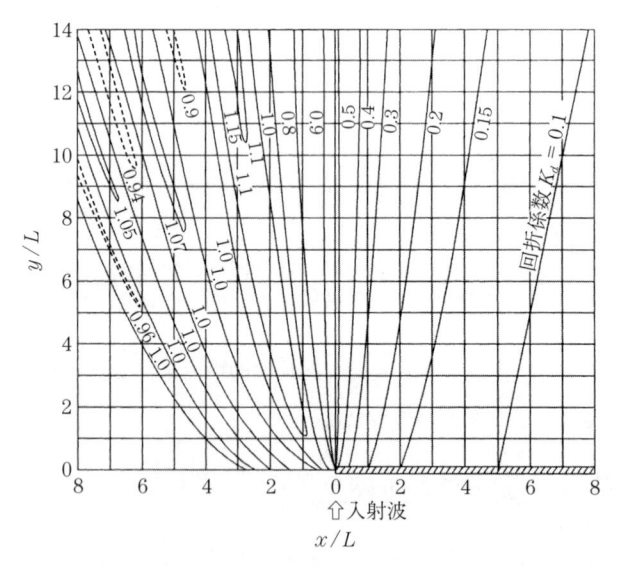

図 **3.11**　半無限防波堤に対する波の回折[3]

3.6 砕　　波

波が沖合から浅海域に伝播すると，浅水変形などにより波高が増大し，波長が減少する。これにより，波の非線形性が卓越し，波峰がとがるとともに，波谷が平坦となり，さらには波峰の前後の波形が非対称になる。波の進行とともに，その波形を保持することができなくなり，やがて波が砕ける。これを**砕波**（wave breaking）と呼ぶ。本節では，砕波形式，砕波限界，砕波前後の波高と平均水位の変化について説明する。

3.6.1 砕波形式

一般に斜面上で発生する砕波の形式は，おもに三つの形式，すなわち崩れ波，巻き波，砕け寄せ波に分類される。ここでは，図 **3.12** に示すように，ガルビン[4]（Galvin）が定義した巻き寄せ波も含めて，四つの砕波形式を紹介する。

- **崩れ波**（spilling breaker）：　波形はあまり非対称でなく，波頂部が白く

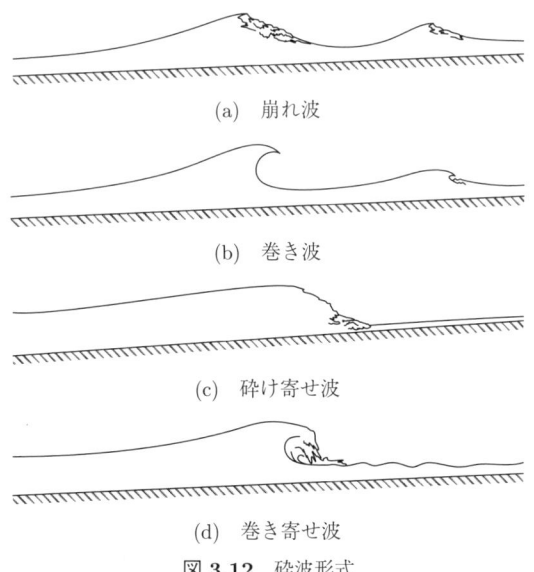

(a) 崩れ波

(b) 巻き波

(c) 砕け寄せ波

(d) 巻き寄せ波

図 **3.12**　砕波形式

泡立ち始めると，それがしだいに波前面部に広がって崩れていく砕波。波形勾配の大きい波が比較的緩やかな海底勾配を有する海岸に入射した場合に見られる。

- **巻き波**（plunging breaker）： 波形は非常に非対称で，波前面の勾配は後面の勾配と比べて急になり，波頂部が前に覆いかぶさりながら，波前面部を巻き込むように砕け，空気を連行した水平渦および波頭前面の水面の盛り上がり（スプラッシュ）を伴う砕波。波形勾配の小さい波が比較的急勾配の海岸に入射した場合に発生する。

- **砕け寄せ波**（surging breaker）： 波前面部がしだいに急になり，その途中で波の脚部から砕け始め，波前面が非常に乱れた状態で斜面を遡上す

コラム

高精度数値シミュレーション

近年，コンピュータの目覚ましい性能向上と高精度な計算スキームの開発に伴い，沿岸域工学分野においても，理論や水理模型実験に代わる一手段として，数値計算により複雑な流動場を解析・研究する学問である数値流体力学（computational fluid dynamics, CFD）の重要性が認識されつつある。特に最近では，流体の支配方程式を直接計算することにより，強非線形かつ非定常な物理現象をより精緻に解明しようとする試みが進められており，今後より一層，数値流体力学の役割が高まるものと考えられる。図1に，3次元固気液多相乱流数値モデルDOLPHIN-3D[5]（Dynamic numerical model Of muLti-Phase flow with Hydrodynamic INteractions-3 Dimension version）による斜面上の巻き波砕波の計算例を示す。

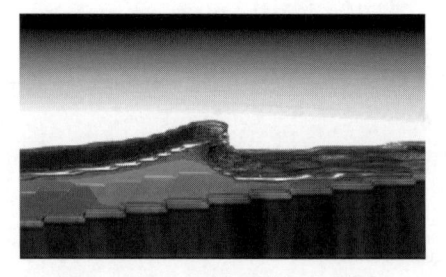

図1　斜面上の巻き波砕波の計算例

る砕波．
- **巻き寄せ波**（collapsing breaker）: 巻き波と砕け寄せ波の中間型の砕波．

砕波形式を分類する際に，海底勾配 $\tan\theta$ と沖波の波形勾配 H_0/L_0 の二つの無次元量を用いて表現される次式の**砕波帯相似パラメータ**（surf similarity parameter）ξ がよく用いられる．

$$\xi = \frac{\tan\theta}{\sqrt{H_0/L_0}} \tag{3.37}$$

一般に，$\xi < 0.4$ で崩れ波，$0.4 < \xi < 2$ で巻き波，$\xi > 2$ で砕け寄せ波，あるいは巻き寄せ波に分類されることが知られている．

3.6.2 砕波限界

砕波条件として，① 水表面の水平方向水粒子速度 u が波速 C より大きくなる場合，② 波頂部の角度が $120°$ より小さくなる場合，③ 波頭前面が鉛直に立ち上がる場合などが挙げられる．

浅水域での砕波条件としては，次式に示す山田の砕波限界[6]および合田の砕波指標[3],[7]が広く用いられている．

- 山田の砕波限界

$$\frac{H_b}{h_b} = 0.827 \tag{3.38}$$

- 合田の砕波指標

$$\frac{H_b}{L_0} = 0.17\left[1 - \exp\left\{-1.5\pi\frac{h_b}{L_0}\left(1 + 15\tan^{\frac{4}{3}}\theta\right)\right\}\right] \tag{3.39}$$

ここで，下付きの b は砕波限界時の値を示す．

3.6.3 波高と平均水位の変化

沖合から浅海域への水深の変化により浅水変形が生じ，波高が増大する．そして，ある水深で砕波が発生し，波エネルギーが逸散されて，波高が減衰する．特に，砕波点から波打ち際までの**砕波帯**（surf zone）では，砕波によって水中に

連行された気泡で白く泡立ち，海底の砂が巻き上げられ，急激に波エネルギーが逸散される．

砕波点前後で平均水位が大きく変化することが知られている．これは，波の存在によって岸向きに輸送される時間平均過剰運動量 S_{xx}（**ラディエーション応力**（radiation stress））を用いて説明することができる．ラディエーション応力の詳細については 6.4 節で述べる．一般的に，ラディエーション応力は，次式に示すように波エネルギー，つまり波高 H の 2 乗に比例するため，波高の変化が大きい砕波前あるいは砕波帯内では空間的に大きく変化する．

$$S_{xx} = E\left(\frac{2C_g}{C} - \frac{1}{2}\right) = \frac{1}{8}\rho g H^2 \left(\frac{2C_g}{C} - \frac{1}{2}\right) \tag{3.40}$$

平均水位とラディエーション応力の関係を示す次式を用いることにより，砕波点前での平均水位の下降（**wave set-down**），あるいは砕波後の平均水位の上昇（**wave set-up**）の現象を説明することができる．

$$\frac{\partial \overline{\eta}}{\partial x} = -\frac{1}{\rho g h}\frac{\partial S_{xx}}{\partial x} \tag{3.41}$$

3.7 流れによる波の変形

図 **3.13** に示すように，沖合における波高 H_0，波速 C_0，周期 T の波が，水深 h の地点で流速 U の一様な流れと干渉する場合を考える．流れがない場合には，水深変化に伴う浅水変形のみが発生することになる．

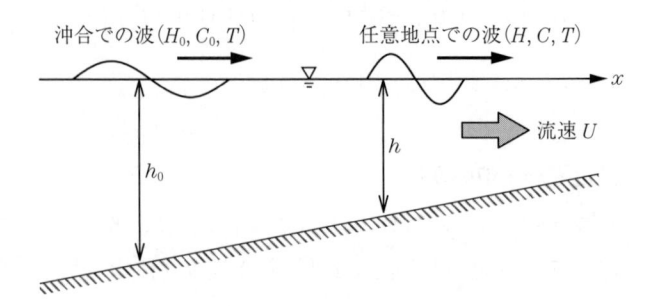

図 **3.13** 流れによる波の変形

水深 h の地点における静止座標系から見た波速は $C+U$ であり，波高と波長をそれぞれ H, L とすると，波の周期は変わらないので次式が成り立つ．

$$T = \frac{L_0}{C_0} = \frac{L}{C+U} = 一定 \tag{3.42}$$

上式より，波の進行方向に対して順流（$U>0$）の場合の波長は流れがない（$U=0$）場合に比べて長くなり，逆流（$U<0$）の場合には波長が短くなることがわかる．

波エネルギー輸送量の保存則から，次式が得られる．

$$E_0 C_{g0} = E(C_g + U) \tag{3.43}$$

ここで，$C_{g0} = C_0/2$, $E_0 = \rho g H_0^2/8$, $E = \rho g H^2/8$, $C_g = nC$ である．

上式より，沖波と水深 h の地点における波高の比 H/H_0 は次式で求めることができる．

$$\frac{H}{H_0} = \left(2n\frac{C}{C_0} + 2\frac{U}{C_0}\right)^{-\frac{1}{2}} \tag{3.44}$$

演 習 問 題

[**3.1**] 一定水深の海域で，波高 H_i，周期 T_i を持つ微小振幅波が構造物に入射し，構造物前面で部分重複波が形成された場合を考える．反射波の波高を H_r とし，反射波に伴う位相のずれはないと仮定する．部分重複波の波高の最大値 $H_{\max}$ と最小値 $H_{\min}$ を，入射波波高 H_i，反射率 K_R を用いて求めよ．

[**3.2**] 防波堤前面の最大波高と最小波高がそれぞれ，$H_{\max} = 3.2\,\mathrm{m}$，$H_{\min} = 1.0\,\mathrm{m}$ であった．このときの反射率 K_R をヒーリーの方法を用いて求めよ．

[**3.3**] 緩やかな海底勾配で，等深線が平行な海岸に，周期 $12\,\mathrm{s}$，波高 $3\,\mathrm{m}$ の沖波が波向き角 $40°$ で入射した場合について，水深 $20\,\mathrm{m}$, $10\,\mathrm{m}$, $5\,\mathrm{m}$ の位置における波の波向き角と波高を，図 3.3 と図 3.9 を用いて求めよ．

4章 風波の特性と波浪推算

◆本章のテーマ

普段，沿岸域で見る波は風が吹くことによって発生する波，すなわち風波である。風波は，波高と周期を時々刻々と不規則に変化させながら多方向から伝播する波でもある。本章では，不規則性を有する風波の基本特性と風波の発生・発達過程について述べるとともに，深海域における波浪推算について説明する。

◆本章の構成（キーワード）

4.1 不規則波と代表波
　　代表波，最高波，1/10 最大波，有義波（1/3 最大波），平均波
4.2 波高・周期の分布
　　レイリー分布
4.3 エネルギースペクトル
　　周波数スペクトル，波数スペクトル，方向スペクトル，方向集中度パラメータ
4.4 風波の発生・発達
　　フィリップスの共鳴理論，マイルズの相互作用理論
4.5 風波の推算
　　吹送時間，吹送距離，SMB 法

◆本章を学ぶと以下の内容をマスターできます

- 不規則性を有する風波の基本特性
- 代表波の定義
- 風波の発生・発達過程
- SMB 法による波浪推算

4.1 不規則波と代表波

図 4.1(a) に示すような波高と周期が不規則に変化する**不規則波**（irregular wave）の性質を把握する方法は，統計的な代表値を用いた**代表波**（representative wave）による方法とエネルギースペクトルを利用した方法に分類される。本節では，前者の代表波による方法について説明する。

不規則波を個々の波に分けて，それぞれの波高と周期を定義する必要がある。不規則波を個々の波に分ける解析法は波別解析法と呼ばれ，**ゼロアップクロス法**（zero-up-cross method），**ゼロダウンクロス法**（zero-down-cross method）

(a) 不規則波

(b) ゼロアップクロス法

(c) ゼロダウンクロス法

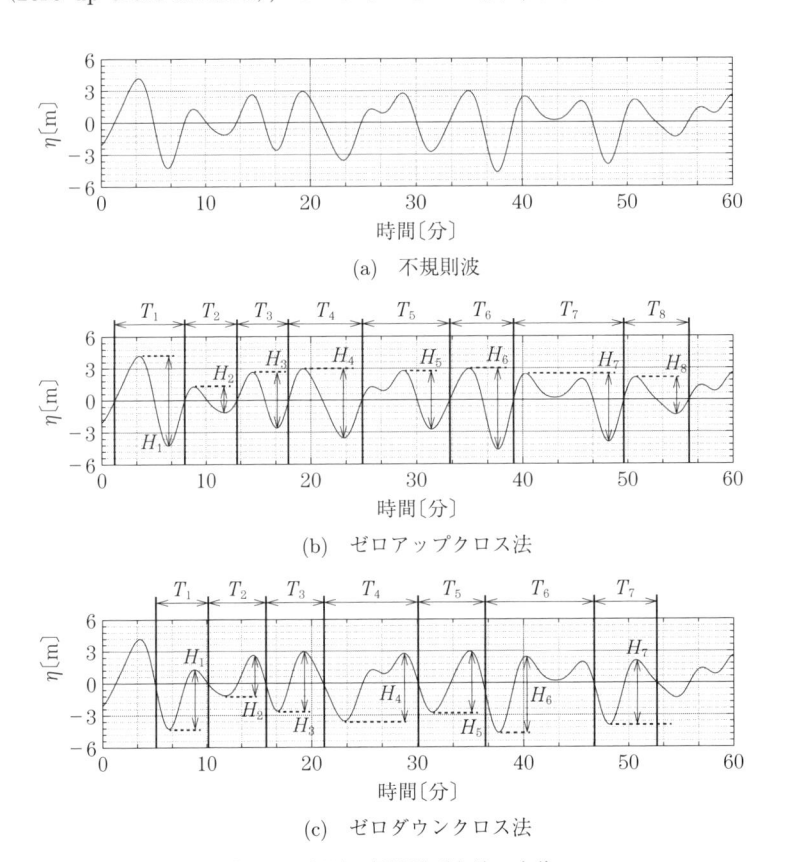

図 4.1 風波の観測波形と波の定義

がよく用いられる．ゼロアップクロス法は，図 4.1(b) に示すように，波面が上昇しながら平均水面と交差する時刻（ゼロアップクロス点）からつぎにくるゼロアップクロス点までの時間を波の周期 T，その間の最小水位と最大水位の高さの差を波高 H と定義する方法である．ゼロダウンクロス法は，図 4.1(c) に示すように，水位が下降しながら平均水面と交わる時刻（ゼロダウンクロス点）を区切りに，波の各成分を定義する方法である．不規則波の統計的な性質を検討する際には，ゼロアップクロス法とゼロダウンクロス法で有意な差異はないといわれている．砕波や沿岸構造物への波の作用など波の空間変化を考える場合，波谷から波峰への変化を取り扱うゼロダウンクロス法を採用することがあるが，国内ではゼロアップクロス法の方が一般的に広く用いられている．

不規則波の群全体を表現する代表波としては，以下に示す最高波，1/10 最大波，1/3 最大波（有義波），平均波が挙げられる．

- **最高波**（highest wave）（$H_{\max}$, $T_{\max}$）

  波群中で，最も大きな波高 $H_{\max}$ を持つ波．周期 $T_{\max}$ は $H_{\max}$ を持つ波の周期．

- **1/10 最大波**（highest one-tenth wave）（$H_{1/10}$, $T_{1/10}$）

コラム

天気予報の波の高さとは？

海岸に打ち寄せる波を見ると，高い波や低い波が混在しているのがわかる．すでに述べたが，複雑に変動する不規則波の性質を簡易的に表現するために，代表波がある．代表波には，最高波，1/10 最大波，有義波（1/3 最大波），平均波がある．それでは，普段，天気予報で見聞きしている波の高さはどれだろうか？

答は，「有義波」である．有義波の定義を改めて説明すると，ある地点で観測された波を波高の高いほうから順に上位 1/3 の個数の波を選び，それらの波高および周期を平均したものである．有義波高とは，定義のとおり，最高波高ではない．有義波高の 2 倍を超えるような波の発生も十分にあり得る．したがって，天気予報の波の高さが ◯ m だからといって，それ以上の波高を持つ波が来襲しないと判断することはたいへん危険である．

波群中で，波高の大きいほうから数えて全体の上位 1/10 の波に対し，算術平均した波高 $H_{1/10}$ と周期 $T_{1/10}$ を持つ波。

- **1/3 最大波**（highest one-third wave）（$H_{1/3}$, $T_{1/3}$）

 波群中で，波高の大きいほうから数えて全体の上位 1/3 の波に対し，算術平均した波高 $H_{1/3}$ と周期 $T_{1/3}$ を持つ波。1/3 最大波は**有義波**（significant wave）とも呼ばれ，その概念は，スベルドラップ（Sverdrup）とムンク（Munk）[1] により提案された。有義波高は熟練者による目視観測の波高にほぼ対応しているといわれ，最も使用頻度が高い。

- **平均波**（mean wave）（$\overline{H}$, $\overline{T}$）

 波群中の波すべての波高と周期を算術平均した波高 $\overline{H}$ と周期 $\overline{T}$ を持つ波。

4.2　波高・周期の分布

4.2.1　波高の分布

ロンゲットヒギンズ[2]（Longuet-Higgins）は，狭い周波数帯に大部分の波エネルギーが集中する風波で各成分波の位相が不規則な場合に，波高 H の出現頻度が次式に示す**レイリー分布**（Rayleigh distribution）に従うことを理論的に示した。

$$p\left(\frac{H}{\overline{H}}\right) = \frac{\pi}{2} \frac{H}{\overline{H}} \exp\left\{-\frac{\pi}{4}\left(\frac{H}{\overline{H}}\right)^2\right\} \tag{4.1}$$

ここで，$p(H/\overline{H})$ は確率密度関数である。

図 **4.2** に例示するように，式 (4.1) による理論値は実測値を良好に再現している。しかし，浅海域では，砕波などの影響により，波高の出現頻度がレイリー分布に従わないことが多い。

式 (4.1) より，平均波高 $\overline{H}$，1/10 最大波高 $H_{1/10}$，有義波高 $H_{1/3}$ の関係が次式で与えられる。

$$H_{1/3} = 1.60\overline{H} \tag{4.2}$$

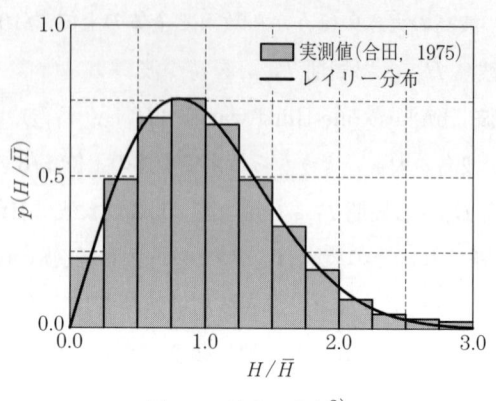

図 **4.2** 波高の分布[3]

$$H_{1/10} = 2.03\overline{H} = 1.27H_{1/3} \tag{4.3}$$

最高波高 $H_{\max}$ は理論的に確定できないものの，波エネルギーが狭い周波数帯に集中している場合には，有義波高や平均波高を用いて最高波高 $H_{\max}$ を求めることができる．表 **4.1** に，波の数 N と $H_{\max}/H_{1/3}$ の関係を示す．表より，最高波高 $H_{\max}$ は，波の数 N の増加に伴い，大きくなることがわかる．

表 **4.1** 波の数と最高波高の関係[2]

N	20	50	100	200	500	1 000	2 000
$H_{\max}/H_{1/3}$	1.256	1.419	1.534	1.641	1.772	1.866	1.956

波の数が大きい場合，最高波高と有義波高の比は次式で近似される．

$$\frac{H_{\max}}{H_{1/3}} = \frac{\sqrt{\ln N}}{1.416} \tag{4.4}$$

海岸・港湾構造物の設計で最大波高 $H_{\max}$ を使う場合，$H_{\max} = 1.8H_{1/3}$，海洋構造物の設計では，$H_{\max} = 2.0H_{1/3}$ が採用されることが多い．

4.2.2 周期の分布

4.1節のとおり，有義波の周期は，周期に対する頻度分布の統計量ではなく，

波高と周期の組み合わせによって定義されている．波の周期の確率密度関数については，次式のように，周期の二乗がレイリー分布で近似される確率密度関数 $p(T/\overline{T})$ をブレットシュナイダー[4]（Bretschneider）が提案している．

$$p\left(\frac{T}{\overline{T}}\right) = 2.7\left(\frac{T}{\overline{T}}\right)^3 \exp\left\{-0.675\left(\frac{T}{\overline{T}}\right)^4\right\} \tag{4.5}$$

波エネルギーが狭い周波数帯に集中している不規則波については，周期が広い範囲に分布せず，以下の関係に従う．

$$T_{\max} \fallingdotseq T_{1/10} \fallingdotseq T_{1/3} \fallingdotseq (1.1 \sim 1.2)\overline{T} \tag{4.6}$$

4.3 エネルギースペクトル

4.1 節のとおり，不規則波を表現する別の方法として，エネルギースペクトル法がある．この方法は，図 **4.3** に例示するように，波高 H，周期 T，波数 k，波向き角 θ，位相差 ε が異なる正弦波を線形的に重ね合わせた波を，不規則波とみなす方法である．したがって，不規則波の水面波形 $\eta(x,y,t)$ は次式で与えられる．

$$\eta(x,y,t) = \sum_{n=1}^{\infty} \frac{H_n}{2} \cos(k_n \cos\theta_n \cdot x + k_n \sin\theta_n \cdot y - 2\pi f_n t + \varepsilon_n) \tag{4.7}$$

ここで，H_n，k_n，θ_n，f_n，ε_n はそれぞれ成分波 n に対する波高，波数，波向き角，周波数，位相差である．

式 (4.7) を用いることにより，周波数，波数，波の伝播方向に関して，波エネルギーの分布を表現することができる．それぞれを，①**周波数スペクトル**（frequency spectrum），②**波数スペクトル**（wave number spectrum），③**方向スペクトル**（directional spectrum）という．

図 4.3 の各波形データ:

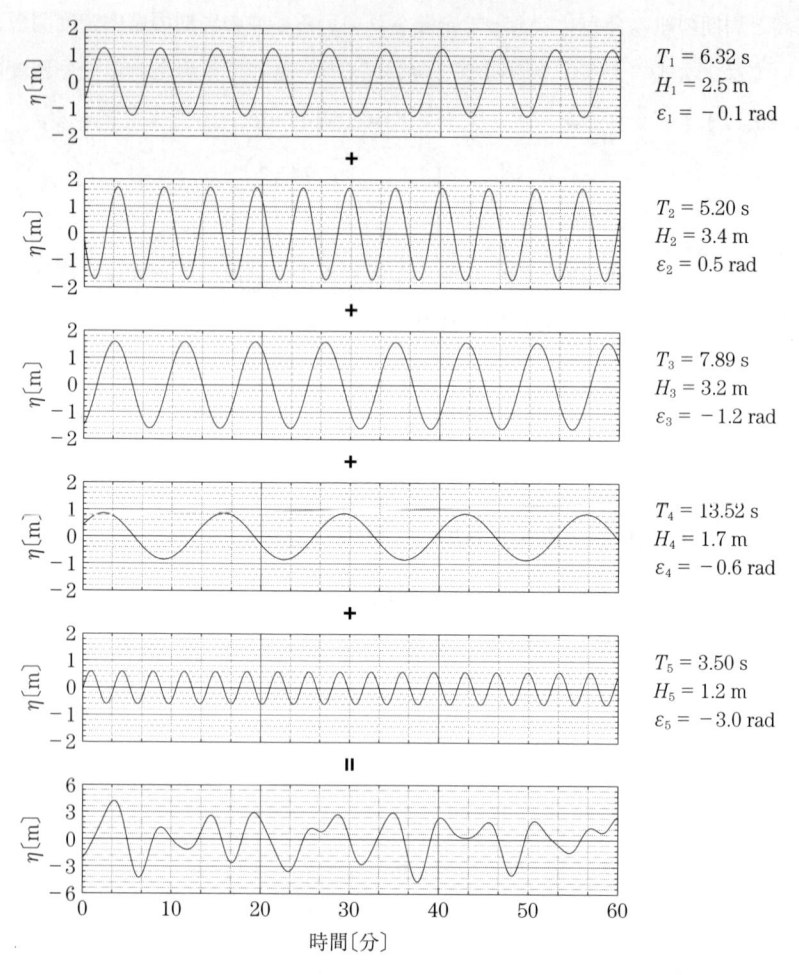

- $T_1 = 6.32$ s, $H_1 = 2.5$ m, $\varepsilon_1 = -0.1$ rad
- $T_2 = 5.20$ s, $H_2 = 3.4$ m, $\varepsilon_2 = 0.5$ rad
- $T_3 = 7.89$ s, $H_3 = 3.2$ m, $\varepsilon_3 = -1.2$ rad
- $T_4 = 13.52$ s, $H_4 = 1.7$ m, $\varepsilon_4 = -0.6$ rad
- $T_5 = 3.50$ s, $H_5 = 1.2$ m, $\varepsilon_5 = -3.0$ rad

図 4.3 線形波の重ね合わせによる不規則波の生成

4.3.1 周波数スペクトル

〔1〕 周波数スペクトルと代表波の関係　式 (4.7) より，原点 $(x, y)=(0,0)$ における水位変動 $\eta(t)$ は次式となる。

$$\eta(t) = \sum_{n=1}^{\infty} \frac{1}{2} H_n \cos(2\pi f_n t - \varepsilon_n) \tag{4.8}$$

周波数が f と $f + \Delta f$ の間にあるすべての成分波を取り出し，その成分波の

4.3 エネルギースペクトル

エネルギーを $H_n^2/8$ で表すと，対象波の全エネルギー $E(f)$ は次式のように定義できる．

$$E(f)\Delta f = \sum_{f}^{f+\Delta f} \frac{1}{8} H_n^2 \tag{4.9}$$

ここで，$E(f)$ を，**波のエネルギースペクトル密度** (wave energy spectrum density)，あるいは単に**エネルギースペクトル** (energy spectrum) という．

式 (4.8) より，水位変動の二乗平均 $\overline{\eta^2}$ は次式のようになる．

$$\overline{\eta^2} = \lim_{t \to \infty} \frac{1}{t} \int_0^t \eta^2 dt = \sum_{n=1}^{\infty} \frac{1}{8} H_n^2 \tag{4.10}$$

式 (4.9) をすべての周波数にわたって積分すると，次式を得る．

$$\int_0^{\infty} E(f)\,df = \sum_{f=0}^{\infty} \frac{1}{8} H_n^2 \tag{4.11}$$

一般的に，周波数スペクトルの n 次モーメント m_n は次式で定義される．

$$m_n = \int_0^{\infty} f^n E(f)\,df \tag{4.12}$$

よって，式 (4.10)～(4.12) より，周波数スペクトルの 0 次モーメント m_0 は次式となる．

$$m_0 = \int_0^{\infty} E(f)\,df = \overline{\eta^2} \tag{4.13}$$

波高がレイリー分布に従う場合，有義波高 $H_{1/3}$ は次式で m_0 と関係づけられる．

$$H_{1/3} \fallingdotseq 4.004 \sqrt{m_0} \tag{4.14}$$

ゼロアップクロス法で定義された波の平均周期 $\overline{T}$ は，不規則波の統計理論により，周波数スペクトルの 2 次モーメント m_2 を用いて次式で与えられる[5]．

$$\overline{T} = \sqrt{\frac{m_0}{m_2}} \tag{4.15}$$

〔**2**〕**代表的な周波数スペクトル** 深海域で十分に発達した風波の周波数

スペクトルがこれまでに多く提案されてきた。これらを一般的に表示すると，次式のようになる。

$$E(f) = \frac{A}{f^m} \exp\left(-\frac{B}{f^n}\right) \tag{4.16}$$

ここで，A, B, m, n は係数である。

以下に，代表的な周波数スペクトルの係数を示す。

- ノイマン[6]（Neumann）のスペクトル

$$A = \frac{0.39}{2\pi}\frac{(H_{1/3})^2}{\overline{T}^5}, \quad B = \frac{1.767}{\overline{T}^2}, \quad m=6, \quad n=2$$

- ピアソン・モスコビッツ[7]（Pierson-Moskowitz）のスペクトル

$$A = \frac{0.0081}{(2\pi)^4}g^2, \quad B = -\frac{0.74}{(2\pi)^4}\frac{g^4}{(U_{19.8})^4}, \quad m=5, \quad n=4$$

- ブレットシュナイダー[8]のスペクトル

$$A = \frac{0.430\,\overline{H}^2}{\overline{T}^4}, \quad B = \frac{0.675}{\overline{T}^4}, \quad m=5, \quad n=4$$

- 光易[9]のスペクトル

$$A = \frac{0.257(H_{1/3})^2}{(T_{1/3})^4}, \quad B = \frac{1.03}{(T_{1/3})^4}, \quad m=5, \quad n=4$$

- JONSWAP（Joint North Sea Wave Project）スペクトル[10]

$$A = \frac{\beta_J(H_{1/3})^2}{T_p^4}\gamma^{\exp\{-(T_p f - 1)^2/2\sigma^2\}}, \quad B = \frac{1.25}{T_p^4}$$

$$\beta_J = \frac{0.0624(1.094 - 0.01915\ln\gamma)}{0.230 + 0.0336\gamma - \dfrac{0.185}{\gamma + 1.9}}$$

$$T_p \fallingdotseq \frac{T_{1/3}}{1 - \dfrac{0.132}{(\gamma + 0.2)^{0.559}}}, \quad \gamma = 1 \sim 7 \text{（平均 3.3）}$$

$$\sigma = \begin{cases} 0.07 & : f \leq f_p\left(= \dfrac{1}{T_p}\right) \\ 0.09 & : f > f_p \end{cases}, \quad m = 5, \quad n = 4$$

ここで，風速 U の下付き文字は海面上の高さ[m]を表す。

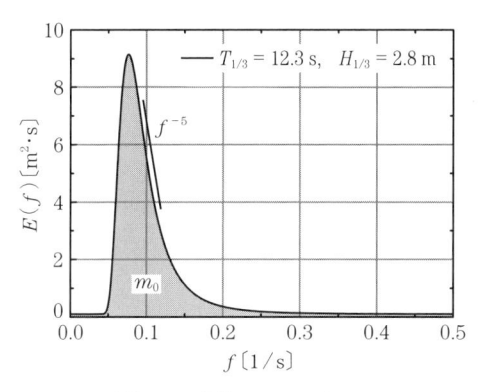

図 4.4 光易のスペクトル

ノイマン以外のスペクトルでは，$m=5, n=4$ が使われている．図 4.4 に例示する光易のスペクトルは，ブレットシュナイダーのスペクトルを光易が有義波の波高 $H_{1/3}$ と周期 $T_{1/3}$ を使って修正したことから，ブレットシュナイダー・光易のスペクトルとも呼ばれる．

4.3.2 波数スペクトルと方向スペクトル

波エネルギーは，周波数 f だけでなく，波数 k と波向き角 θ に対しても規定される．k と $k+\Delta k$，θ と $\theta+\Delta \theta$ の範囲における成分波群の全エネルギーを，周波数スペクトルの場合と同様，次式のように表す．

$$E(k,\theta)\Delta k \Delta \theta = \sum_{k}^{k+\Delta k}\sum_{\theta}^{\theta+\Delta \theta}\frac{1}{8}H_n^2 \tag{4.17}$$

上式で定義される $E(k,\theta)$ を**方向スペクトル**（directional spectrum），あるいは 2 次元スペクトルと呼ぶ．また，次式に示す波向き角 θ について積分した $E(k)$ を**波数スペクトル**（wave number spectrum）という．

$$E(k) = \int_0^{2\pi} E(k,\theta)\,d\theta \tag{4.18}$$

波数 k は周波数 f に変換できることから，$E(f,\theta)$ を方向スペクトルともいう．周波数スペクトル $E(f)$ を用いて，$E(f,\theta)$ を次式で表すことが多い．

$$E(f,\theta) = E(f)\,G(f,\theta) \tag{4.19}$$

ここで，$G(f,\theta)$ は以下の条件を満足する．

$$\int_0^{2\pi} G(f,\theta)\,d\theta = 1$$

$G(f,\theta)$ は方向積分関数と呼ばれ，次式で与えられる光易型方向分布関数[11]がよく用いられる．

$$G(f,\theta) = \frac{\cos^{2S}\dfrac{\theta}{2}}{\displaystyle\int_{-\pi}^{\pi} \cos^{2S}\dfrac{\theta}{2}\,d\theta} \tag{4.20}$$

ここで，S は方向による波エネルギーの集中度を示し，次式で与えられる[12]．

$$S = \begin{cases} S_{\max}\left(\dfrac{f}{f_p}\right)^{5} & : f \leqq f_p \\ S_{\max}\left(\dfrac{f}{f_p}\right)^{-2.5} & : f > f_p \end{cases} \tag{4.21}$$

ここで，f_p は周波数スペクトルのピーク周波数であり，次式で表される．

$$f_p = \frac{1}{1.05\,T_{1/3}} \tag{4.22}$$

$S_{\max}$ は**方向集中度パラメータ**（spreading parameter）と呼ばれ，波の特性に応じたつぎの値が用いられる．

$$\left.\begin{array}{l} \text{風波：}\ S_{\max} = 10 \\ \text{減衰距離が短いうねり：}\ S_{\max} = 25 \\ \text{減衰距離が長いうねり：}\ S_{\max} = 75 \end{array}\right\} \tag{4.23}$$

4.4　風波の発生・発達

図 4.5 は，風波の発生・発達の模式図である．静水面に風が吹くと水面付近に局所的な乱れが発生し，長時間連吹すると，水面の擾乱を介して風から水面

4.4 風波の発生・発達

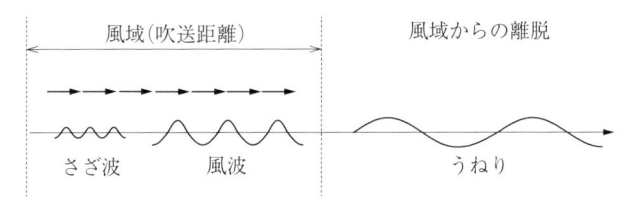

図 4.5 風波の発生・発達の模式図

にエネルギーが供給される．その結果，**風波**(wind wave) が発生する．さらに，風が吹き続けると，風波は発達し，波高，波長（周期）が増大する．風域から離れると，波は風からエネルギーが供給されることなく伝播する．

風波の発生・発達に関する理論がこれまで数多く提案されてきた．ここでは，フィリップス[13] (Phillips) の共鳴理論，マイルズ[14],[15] (Miles) の相互作用理論，そして十分に発達した波の特性について簡単に述べる．

- **フィリップスの共鳴理論：** 風の乱れがいろいろな周波数成分を含む海面の圧力変動を引き起こし，各周波数に対応した微小な波が発生する．風の圧力変動は風とともにさまざまな速度で移動し，微小な波もその周波数に対応した伝播速度で進む．これら二つの速度がほぼ等しくなると，海面振動が共鳴し，波高が直線的に増幅される．よって，フィリップスの共鳴理論は，風の圧力変動による初期の波の発生機構を説明している．

- **マイルズの相互作用理論：** 風況は海面上の波の存在によって変化し，波峰で風速が大きく圧力がやや小さくなり，波谷では風速が小さく圧力がやや大きくなる．一方，風上側の波の前面で圧力が高く，風下側の後面で圧力が低くなることによって，波を風下側に押し出す力が作用して，風のエネルギーが波に供給される．波が大きくなるほど，波の前面と後面の圧力差が大きくなるため，波高が指数関数的に増大する．したがって，マイルズの相互作用理論は，風から波へのエネルギー供給による波の発達過程を述べている．

- **十分に発達した波の特性：** 十分に発達した波が，波頂部周辺で白い泡を立てながら砕けるようになると，風から波へのエネルギー供給と砕波に

よるエネルギー逸散がつり合う状態に達し，波の発達が終わる．フィリップス[16]によると，この平衡状態では，図4.4に例示したように，波高は周波数 f の -5 乗に比例する．

4.5 風波の推算

4.5.1 吹送時間と吹送距離

4.4節のとおり，波の発生には風がある程度吹き続けなければいけない．風が吹き続けている時間を**吹送時間**（duration）という．また，波は風からエネルギーを得て発達するため，風が吹いている場，すなわち風域が必要である．風域の距離を**吹送距離**（fetch）と呼ぶ．したがって，風波の波高と周期は，風域内での風の強さ（風速 U），吹送時間 t，吹送距離 F に規定される．

図4.6は，風上端（かざかみたん）から発生した波が風下に向かって発達していく状況を模式的に示したものである．地点 $F = F_A$ に着目すると，時間が経過するにつれて波高が増大するが，有義波高 $H_{1/3}$ が H_A に達すると，風がさらに吹き続けても波高は大きくならない．このときの吹送時間 $t = t_A$ はその地点で波高を最大にするために必要な最小の吹送時間となる．これを**最小吹送時間**（minimum duration）$t_{\min}$ という．

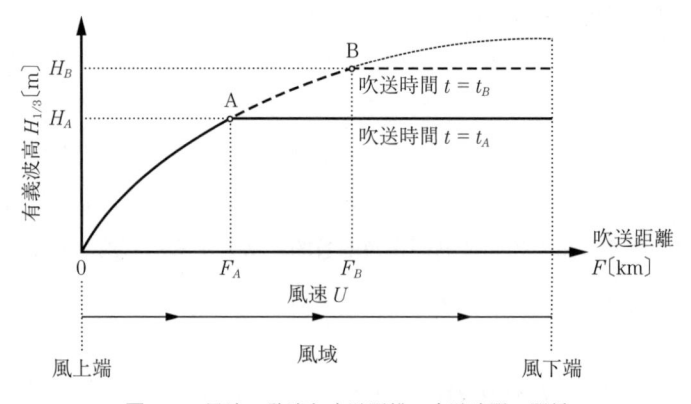

図 4.6 風波の発達と吹送距離・吹送時間の関係

最小吹送時間 $t_{\min}$ は，風域の風上端 $F=0$ において $t=0$ で発生した波が群速度 $C_g\ (=dF/dt)$ で移動し，$F=F_A$ に達するのに要した時間であるので，次式によって求めることができる．

$$t_{\min} = \int_0^{F_A} \frac{dF}{C_g} \quad \text{または} \quad \frac{gt_{\min}}{U} = \int_0^{gF_A/U^2} \frac{d(gF/U^2)}{gT_{1/3}/4\pi U} \quad (4.24)$$

なお，上式の右式は，左式に深海波の群速度 $C_g = gT_{1/3}/2\pi$ を代入することにより，誘導できる．

ある吹送時間に対して，波が最大限大きくなるために最小限必要な吹送距離がある．これを**最小吹送距離** (minimum fetch) $F_{\min}$ と呼ぶ．吹送時間 $t = t_B$ で発達可能な波高が H_B の場合には，$F = F_B$ が最小吹送距離 $F_{\min}$ となる．

4.5.2 深海域における風波の推算

風波の推算法には，4.1 節のとおり，簡易な推算法である代表波法とエネルギースペクトルを推算するスペクトル法[17]がある．ここでは，風域が移動しない深海波における有義波の簡易推算法である **SMB 法** (SMB method) を紹介する．SMB 法は，スベルドラップとムンク[1]の成果をブレットシュナイダー[18]が改良した方法で，SMB はそれぞれ 3 人の研究者の頭文字である．また，ウィルソン[19] (Wilson) は海面上 10 m での風速 U_{10} と有義波の波高・周期を関連づけた次式を提案している．

$$\frac{gH_{1/3}}{U_{10}^2} = 0.30 \times \left[1 - \frac{1}{\left\{1 + 0.004 \left(\frac{gF}{U_{10}^2}\right)^{\frac{1}{2}}\right\}^2}\right] \quad (4.25)$$

$$\frac{gT_{1/3}}{2\pi U_{10}} = 1.37 \times \left[1 - \frac{1}{\left\{1 + 0.008 \left(\frac{gF}{U_{10}^2}\right)^{\frac{1}{3}}\right\}^5}\right] \quad (4.26)$$

ここで，g は重力加速度である．

図 4.7 は，式 (4.25), (4.26) を図示したものである．図の使用方法について，

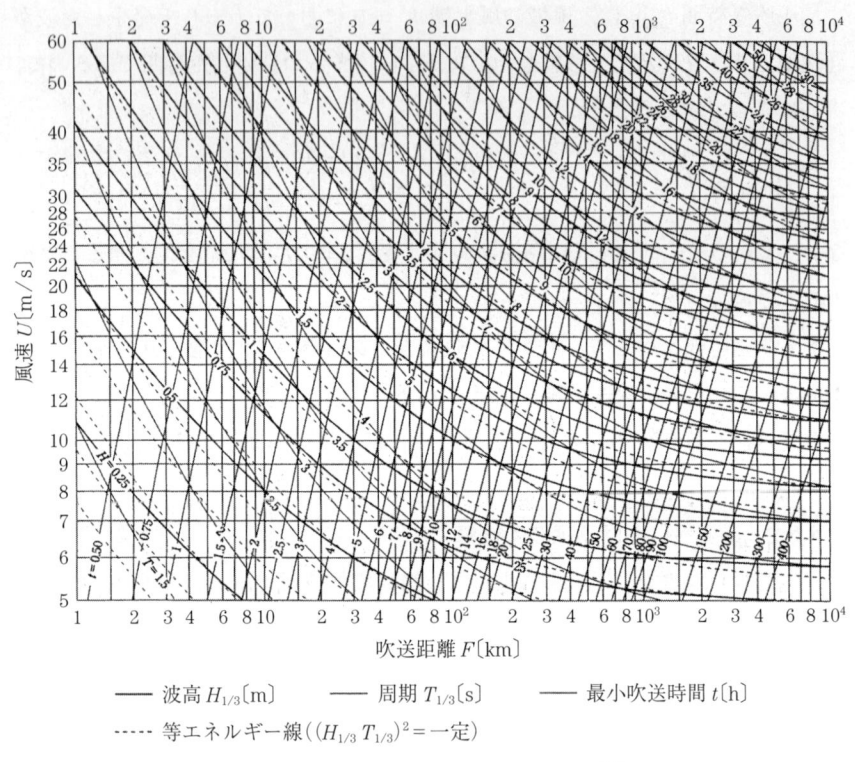

図 **4.7** 深海域における風波の予知曲線[17])

風速が一定の場合と風速が変化する場合に分けて以下に説明する。

〔**1**〕 **風速が一定の場合：** 所定の風域に対して，風域内の平均風速 U [m/s]，吹送時間 t [h]，吹送距離 F [km] を定める。波の発達は，4.5.1 項のとおり，吹送時間と吹送距離のどちらかで制限される。そのため，(U, t) と (U, F) の組み合わせに対してそれぞれ有義波の波高と周期を読み取り，波高が小さいほうの値を採用する。

〔**2**〕 **風速が変化する場合：** 波の全エネルギー $H^2 T^2$ は逸散せずに保存されると仮定して，風域が「風速 U_1，吹送時間 t_1，吹送距離 F_1」から「風速 U_2，吹送時間 t_2，吹送距離 F_2」に変化する場合を考える。まず，風速 U_1 に対する有義波の波高と周期を求める。その点から図中の破線で示す等エネルギー

線（$H^2 T^2 =$ 一定）に沿って風速 U_2 まで移動し，その点での吹送時間 t^* を読み取る。t^* は，風速 U_2 の風が吹き続いたときに同じエネルギーを波に与えるために必要な最小吹送時間を意味する。風速 U_2 の吹送時間 t_2 に t^* を加えた有効吹送時間 $t_2 + t^* = t_2^*$ を求める。(U_2, t_2^*) と (U_2, F_2) に対してそれぞれ有義波の波高と周期を読み取り，波高の小さいほうを採用する。

演 習 問 題

〔**4.1**〕 ある地点における海面上の高さ 10 m での風速 U_{10}〔m/s〕，吹送距離 F〔km〕と吹送時間 t〔h〕の関係は**図 4.8** のとおりであった。SMB 法（図 4.7）を用いて以下の設問に答えよ。

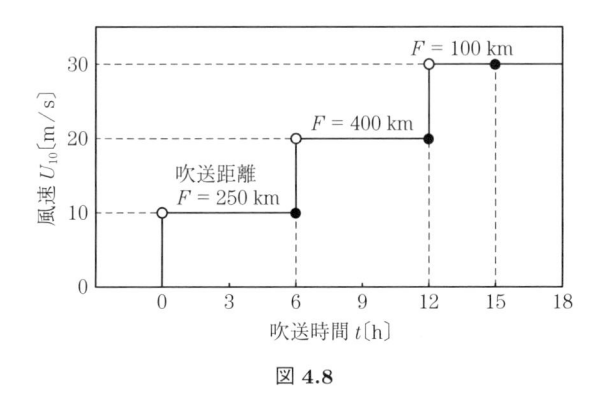

図 4.8

(1) 6 時における有義波の波高 H_1 と周期 T_1 を求めよ。
(2) 12 時における有義波の波高 H_2 と周期 T_2 を求めよ。
(3) 15 時における有義波の波高 H_3 と周期 T_3 を求めよ。

〔**4.2**〕 光易のスペクトルを用いて，式 (4.14) を誘導せよ。
〔**4.3**〕 光易のスペクトルを用いて，式 (4.22) を誘導せよ。

5章 長周期波と津波・高潮

◆本章のテーマ

　非常に長い周期・波長を有する津波や高潮は世界各地で甚大な人的・物的被害をもたらす。港や湾における長周期波は，係留中の大型船舶を動揺させ，港湾の荷役障害や係留索（ロープ）の切断などを引き起こす。よって，長周期波の特性を理解することは防災面において重要である。本章では，長周期波の理論を解説するとともに，潮汐と港・湾の海面振動について述べる。また，津波と高潮の発生機構とその解析方法について説明する。

◆本章の構成（キーワード）

5.1　長周期波の理論
　　　長波理論，微小振幅波，有限振幅波
5.2　潮汐
　　　起潮力，天文潮，主要四分潮，基本水準面，平均海面
5.3　港・湾の海面振動
　　　共振，副振動（セイシュ），湾水振動
5.4　津波
　　　断層モデル，断層パラメータ，グリーンの法則
5.5　高潮
　　　気象潮，吸い上げ効果，吹き寄せ効果，地衡風，傾度風

◆本章を学ぶと以下の内容をマスターできます

☞　長周期波の理論の考え方
☞　潮汐の発生機構と潮位の基準面
☞　港・湾における海面振動の特性
☞　津波・高潮の発生機構

5.1 長周期波の理論

5.1.1 基礎方程式

長波理論(long wave theory)は,周期が30秒より長い**長周期波**(long-period wave)が対象である.2.2節のとおり,長周期波は水深波長比 h/L が非常に小さいため,鉛直方向の加速度を無視することができる.

簡便のため,一定水深 h を有する鉛直2次元波動場を考えると,式 (2.1),(2.5),(2.7) より,基礎方程式は次式に示すオイラーの運動方程式(式 (5.1),(5.2))と連続式(式 (5.3))で記述される.

$$\frac{\partial u}{\partial t} + u\frac{\partial u}{\partial x} + w\frac{\partial u}{\partial z} = -\frac{1}{\rho}\frac{\partial p}{\partial x} \tag{5.1}$$

$$\frac{\partial w}{\partial t} + u\frac{\partial w}{\partial x} + w\frac{\partial w}{\partial z} = -\frac{1}{\rho}\frac{\partial p}{\partial z} - g \tag{5.2}$$

$$\frac{\partial u}{\partial x} + \frac{\partial w}{\partial z} = 0 \tag{5.3}$$

式 (5.2) は,長波近似($Dw/Dt = \partial w/\partial t + u\partial w/\partial x + w\partial w/\partial z = 0$)より,静水圧に相当する次式となる.

$$\frac{\partial p}{\partial z} = -\rho g \tag{5.4}$$

自由表面 $z = \eta$ における圧力が大気圧 $p = p_0$ に等しいとし,上式を任意地点 $z = z$ から自由表面 $z = \eta$ まで鉛直方向に積分すると,$p = p_0 + \rho g(\eta - z)$ が得られる.よって,式 (5.1) は,次式のように表される.

$$\frac{\partial u}{\partial t} + u\frac{\partial u}{\partial x} + w\frac{\partial u}{\partial z} = -g\frac{\partial \eta}{\partial x} \tag{5.5}$$

上式が長波理論における運動方程式である.

式 (5.3) を水底から自由表面まで積分すると,次式を得る.

$$\int_{-h}^{\eta} \frac{\partial u}{\partial x}\,dz + \int_{-h}^{\eta} \frac{\partial w}{\partial z}\,dz = \int_{-h}^{\eta} \frac{\partial u}{\partial x}\,dz + w_\eta - w_{-h} = 0 \tag{5.6}$$

ここで，w_η，w_{-h} はそれぞれ，自由表面および底面における鉛直流速を表す。

自由表面境界条件の式 (2.15) および底面境界条件の式 (2.19) を用いると，それぞれの流速は以下のように表される。

$$w_\eta = \frac{\partial \eta}{\partial t} + u_\eta \frac{\partial \eta}{\partial x} \quad : z = \eta \tag{5.7}$$

$$w_{-h} = 0 \quad : z = -h \tag{5.8}$$

ライプニッツ（Leibniz）の定理より，次式が成り立つ。

$$\begin{aligned}\int_{-h}^{\eta} \frac{\partial u}{\partial x} \, dz &= \frac{\partial}{\partial x} \int_{-h}^{\eta} u \, dz - u_\eta \frac{\partial \eta}{\partial x} + u_{-h} \frac{\partial (-h)}{\partial x} \\ &= \frac{\partial}{\partial x} \int_{-h}^{\eta} u \, dz - u_\eta \frac{\partial \eta}{\partial x}\end{aligned} \tag{5.9}$$

式 (5.6) に，式 (5.7)～(5.9) を代入すると，次式が得られる。

$$\frac{\partial \eta}{\partial t} + \frac{\partial}{\partial x} \int_{-h}^{\eta} u \, dz = 0 \tag{5.10}$$

u は鉛直方向に変化しない（$\partial u/\partial z = 0$）と仮定すると，上式は次式となる。

$$\frac{\partial \eta}{\partial t} + \frac{\partial}{\partial x} \{u(h + \eta)\} = 0 \tag{5.11}$$

式 (5.5) と式 (5.11) が長波理論の基礎方程式である。

5.1.2 微小振幅波

微小振幅波を仮定すると，長波の運動方程式（式 (5.5)）と連続式（式 (5.11)）は以下のようになる。

$$\frac{\partial u}{\partial t} = -g \frac{\partial \eta}{\partial x} \tag{5.12}$$

$$\frac{\partial \eta}{\partial t} = -h \frac{\partial u}{\partial x} \tag{5.13}$$

これらより，η および u をそれぞれ消去すると，以下の二つの式が得られる。

$$\frac{\partial^2 u}{\partial t^2} = gh \frac{\partial^2 u}{\partial x^2} \tag{5.14}$$

$$\frac{\partial^2 \eta}{\partial t^2} = gh \frac{\partial^2 \eta}{\partial x^2} \tag{5.15}$$

上式は双曲線型波動方程式であり，それぞれの一般解は以下のとおりである。

$$\frac{\eta}{h} = f_1(x - Ct) + f_2(x + Ct) \tag{5.16}$$

$$\frac{u}{C} = f_1(x - Ct) - f_2(x + Ct) \tag{5.17}$$

ここで，f_1, f_2 は任意の関数であり，C は次式で与えられる。

$$C = \sqrt{gh} \tag{5.18}$$

式 (5.16), (5.17) は波速 C で x の正方向に進む波と負方向に進む波を表す。x の正方向に進む波のみを考えると，つまり $f_2 = 0$ とすると，式 (5.16)～(5.18) から次式が得られる。

$$u = C \frac{\eta}{h} = \sqrt{\frac{g}{h}} \eta \tag{5.19}$$

上式より，水平方向流速 u は水深方向に一定であり，$\eta > 0$ のときは波の進行方向と同じ方向，$\eta < 0$ のときは波の進行方向と逆の方向となる。

5.1.3 有限振幅波

水面変動および水粒子の運動が大きくなると，微小振幅波の仮定が成立しなくなり，式 (5.5), (5.11) より，次式に示す波の非線形性を考慮した式を扱う必要がある。なお，u は鉛直方向に変化しない $(\partial u/\partial z = 0)$ と仮定する。

$$\frac{\partial u}{\partial t} + u \frac{\partial u}{\partial x} = -g \frac{\partial \eta}{\partial x} \tag{5.20}$$

$$\frac{\partial \eta}{\partial t} + u \frac{\partial \eta}{\partial x} = -(h + \eta) \frac{\partial u}{\partial x} \tag{5.21}$$

η の関数として，$f_0(\eta)$ とその 1 次導関数 $f_0'(\eta)$ を導入する。式 (5.21)×$f_0'(\eta)$ ＋式 (5.20) を計算すると，次式が得られる。

$$\left[\frac{\partial}{\partial t} + \left(\{(h+\eta)f_0' + u\}\frac{\partial}{\partial x}\right)\right](f_0 + u) = 0 \tag{5.22}$$

ただし，g は次式で定義される．

$$g = (h+\eta)f_0'^2 \tag{5.23}$$

同様に，式 (5.21) × $f_0'(\eta)$ − 式 (5.20) を計算すると，次式が求められる．

$$\left[\frac{\partial}{\partial t} - \left(\{(h+\eta)f_0' - u\}\frac{\partial}{\partial x}\right)\right](f_0 - u) = 0 \tag{5.24}$$

式 (5.22)，(5.24) は，それぞれ波速 $(h+\eta)f_0' + u$ で x の正の方向に進む波と波速 $(h+\eta)f_0' - u$ で負の方向に進む波を表す．

$f_0(0) = 0$ の条件下で式 (5.23) を解くと，次式が得られる．

$$f_0(\eta) = 2\sqrt{gh}\left(\sqrt{1 + \frac{\eta}{h}} - 1\right) \tag{5.25}$$

x の正方向に進む波のみを考えると，$f_0 - u = 0$ となるので，流速 u と波速 C はそれぞれ以下のように表される．ただし，$\eta \ll h$ の近似を適用している．

$$u = f_0 = 2\sqrt{gh}\left(\sqrt{1 + \frac{\eta}{h}} - 1\right) \fallingdotseq \sqrt{gh}\frac{\eta}{h} \tag{5.26}$$

$$C = (h+\eta)f_0' + u = \sqrt{gh}\sqrt{1 + \frac{\eta}{h}} + u$$

$$= \sqrt{gh}\left(3\sqrt{1 + \frac{\eta}{h}} - 2\right) \fallingdotseq \sqrt{gh}\left(1 + \frac{3}{2}\frac{\eta}{h}\right) \tag{5.27}$$

図 5.1 に，長波理論における微小振幅波と有限振幅波の概念図を示す．微小振幅波では，波速が $\sqrt{gh}$ と水深のみに依存し，水深が一定のとき波速が一定の

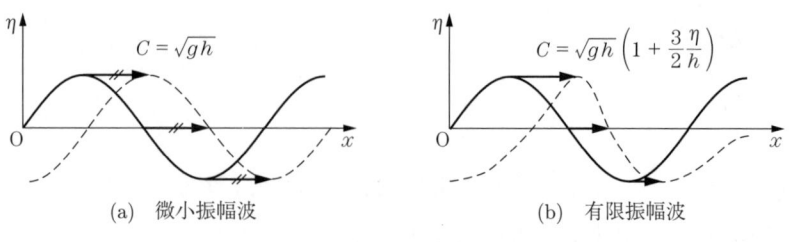

(a) 微小振幅波　　　　　　　　(b) 有限振幅波

図 5.1　長波理論における微小振幅波と有限振幅波の概念図

定形波となる。有限振幅波では，式 (5.27) より，波速は水位とともに変化し，波峰で波速が大きく，波谷で波速が小さくなることから，波形は前傾化する。

5.2 潮　　　汐

5.2.1 起　潮　力

海面の水位はおおよそ半日の周期で変動している。この現象を**潮汐**（tide）という。海面が最も高い状態を**満潮**（high water）（または高^{こうちょう}潮），最も低い状態を**干潮**（low water）（または低潮）と呼び，満潮と干潮の差を**潮差**（tidal range）という。河口から潮汐の影響を受ける河川上流部の区間を，**感潮域**（tidal area）と呼ぶ。

潮汐の発生原因は，月や太陽による万有引力と地球の天体運動に基づく遠心力との差によって生じる**起潮力**（tide generating force）である。**図 5.2** に，起潮力の原理を示す。ここでは，最も支配的な要因である月と地球の二つの天体運動に限定して説明する。地球は月の万有引力によって引っ張られ，月と地球の共通重心のまわりを公転している。月による万有引力と公転運動に伴う遠心力は地球全体ではつり合っており，たがいの距離を維持しながら楕円運動している。

地球上の質量 m の物体に働く月の万有引力 f は次式で表される。

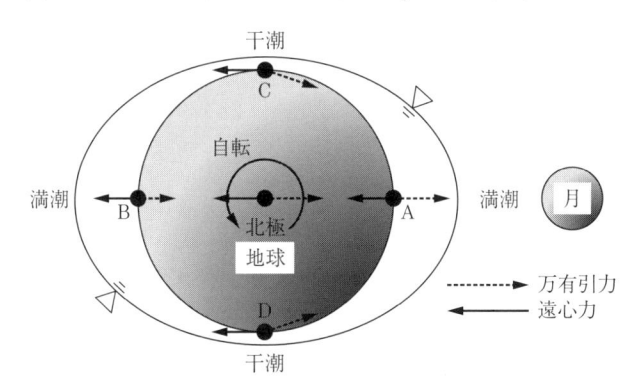

図 5.2　起潮力の原理

$$f = G\frac{mM}{L^2} \tag{5.28}$$

ここで, G は万有引力係数, M は月の質量, L は地球上の物体と月との距離である。

月と地球の共通重心のまわりを公転する質量 m の物体に働く遠心力 C は, 次式で与えられる。

$$C = m\frac{V^2}{R} \tag{5.29}$$

ここで, V は地球の公転速度, R は地球の公転半径である。

地球の中心に働く月の万有引力 f_0 は次式で表され, 地球全体に作用する遠心力と月の万有引力がつり合っているので, $f_0 = C$ となる。

$$f_0 = G\frac{mM}{L_M^2} = C \tag{5.30}$$

ここで, L_M は月から地球の中心までの距離である。

遠心力は地球上のどの点においても同じであるが, 万有引力は月と物体の距離に応じて変化する。図 5.2 の点 A では, 月の重心までの距離は地球の中心よりも地球の半径 r だけ小さいので, 物体に働く万有引力 f_A は, 次式のとおり遠心力より少し大きくなる。

$$f_A = G\frac{mM}{(L_M - r)^2} \tag{5.31}$$

点 B では, 半径 r だけ遠くなるので, 万有引力 f_B は, 次式のとおり遠心力より少し小さくなる。

$$f_B = G\frac{mM}{(L_M + r)^2} \tag{5.32}$$

潮汐を発生させる外力は, 遠心力と万有引力の差に相当する起潮力である。$r \ll L_M$ の条件の下, 式 (5.30) 〜 (5.32) より, 点 A, 点 B での起潮力を求めると, それぞれ次式となる。

$$F_A = f_A - C = G\left\{\frac{mM}{(L_M - r)^2} - \frac{mM}{L_M^2}\right\} \fallingdotseq 2G\frac{mMr}{L_M^3} \tag{5.33}$$

$$F_B = f_B - C = G\left\{\frac{mM}{(L_M+r)^2} - \frac{mM}{L_M^2}\right\} \fallingdotseq -2G\frac{mMr}{L_M^3} \quad (5.34)$$

点 C，点 D では，図に示すように，遠心力は共通軸に平行に作用するが，万有引力は内側に向かうため，二つの合力は地球の重心方向となる。

したがって，図 5.2 からわかるように，点 A と点 B で満潮，点 C と点 D では干潮となる。地球は 1 日 1 回自転するので，1 日に 2 回，満潮と干潮が発生することになる。このように，起潮力と静力学的につり合っている潮汐を，**平衡潮汐** (equilibrium tide) という。満潮と干潮が 1 日 2 回繰り返される場合を，**一日二回潮** (semi-diurnal tide)，1 日 1 回の場合を**一日一回潮** (diurnal tide) と呼ぶ。一日二回潮において，それぞれの満潮と干潮の高さが異なる場合を**日潮不等** (diurnal inequality) という。日潮不等は，地球の自転軸と公転運動の回転軸のずれにより起潮力が非対称となって発生する。つまり，赤道付近では日潮不等は生じないことになる。

地球と太陽の天文運動によっても潮汐が発生し，潮差は月齢によって変化する。図 **5.3** に，月齢と潮汐（大潮，小潮）の関係を示す。地球と月・太陽が一直線上に並ぶ場合（新月，満月）には，各起潮力が重なって潮差が大きくなる。これを**大潮** (spring tide) という。一方，地球から見て月と太陽の位置が直角

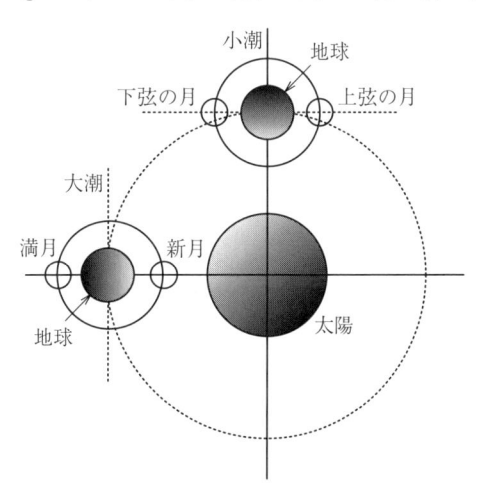

図 **5.3** 月齢と潮汐（大潮，小潮）の関係

方向となるとき（上弦の月，下弦の月），たがいの起潮力は打ち消し合って潮差は小さくなる．これを**小潮**（neap tide）という．このように，月や太陽と地球の天体運動によって海面が上下する現象を**天文潮**（astronomical tide）と呼ぶ．

5.2.2 潮位の調和分解

図 5.4 に，伊勢湾湾奥部に位置する名古屋港の潮位観測記録を例示する．図より，約 15 日周期で大潮と小潮が規則正しく繰り返されていることがわかる．このように，月と太陽の天体運動に基づく天文潮はいろいろな正弦波の和として表される．その各成分を**分潮**（tidal constituent）といい，潮位変動 $\eta(t)$ は次式のフーリエ級数和で表現される．

$$\eta(t) = \eta_0 + \sum_{i=1}^{N} f_i a_i \cos(\omega_i t + V_{0i} + u_i + \kappa_i) \tag{5.35}$$

ここで，η_0 は平均潮位であり，f_i, a_i, ω_i, $V_{0i} + u_i$, κ_i はそれぞれ分潮 i の振幅に関する因数，振幅，角速度，位相に関する因数，遅角（位相角）を表す．

天文潮による潮位変動を，各分潮の正弦波に分解することを**調和分解**（harmonic analysis）という．

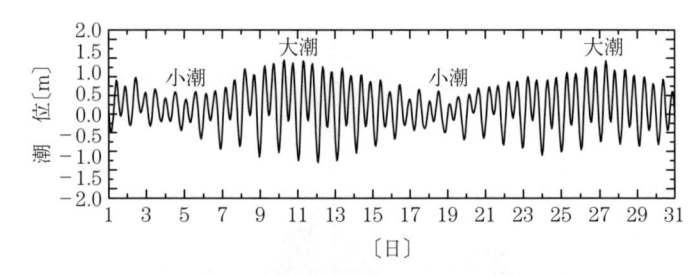

図 5.4　名古屋港の潮位観測記録（2001 年 1 月）

表 5.1 に潮汐の主要な分潮名称，角速度 ω，周期 T などを示す．表に示す**主要四分潮**（major four tidal components）は起潮力の大きい分潮であり，半日周潮の M_2 と S_2，日周潮の K_1 と O_1 の四分潮から成る．主要四分潮を把握することで，対象海域のおもな潮位変動を再現・予測することができる．

表 5.1 主要な分潮

主要四分潮	記号	名称	角速度 ω [°/h]	周期 T [h.m]	起潮力の相対値
○	M_2	主太陰半日周潮	28.9841	12.25	0.4544
○	S_2	主太陽半日周潮	30.0000	12.00	0.2120
	N_2	主太陰長円潮	28.4397	12.39	0.0880
	K_2	日月合成半日周潮	30.0821	11.58	0.0576
○	K_1	日月合成日周潮	15.0411	23.56	0.2655
○	O_1	主太陰日周潮	13.9430	25.49	0.1886
	P_1	主太陽日周潮	14.9589	24.04	0.0880
	M_f	太陰半月周潮	1.0980	13.66 日	0.0783

5.2.3 潮位の基準面

海面水位や水深はある基準面からの距離として定義される.潮汐表,海図などは,**基本水準面** (chart datum level, C.D.L.) と呼ばれる基準面に基づいて作成されている.基本水準面 z_0 は,次式に示すとおり,平均海面 $\bar{z}$ から主要四分潮 M_2, S_2, K_1, O_1 の振幅の和を差し引いた海面として定義される.

$$z_0 = \bar{z} - (a_M + a_S + a_K + a_O) \tag{5.36}$$

ここで, a_M, a_S, a_K, a_O はそれぞれ主要四分潮 M_2, S_2, K_1, O_1 の振幅である.

平均海面 (mean sea level) は,起潮力の影響がない場合の仮想的な海面を表す.一般に,平均海面は,夏季に高く,冬季に低いといった1年周期の変動を示す.おもな原因として,わが国の場合,夏季は冬季に比べて海水温が上昇して海水が膨張すること,大気圧が低く海面が吸い上げられることなどが挙げられる.陸域の基準面としては,**東京湾平均海面** (Tokyo Peil, T.P.) が用いられる.港湾,河川,水路を管理する上では,東京湾平均海面ではなく,各水域の基準面が採用される.例えば,大阪湾では,大阪湾最低潮位 O.P. ($=$ T.P. $+ 1.30$ m) が基準潮位として使われている.

調和定数のほかに,観測値から統計的に求めた定数,すなわち**非調和定数** (non-harmonic constants) が,潮汐表,海図,港湾工事の図面などによく用いられる.以下に,代表的な非調和定数について紹介し,その概略図を図 **5.5** に示す.

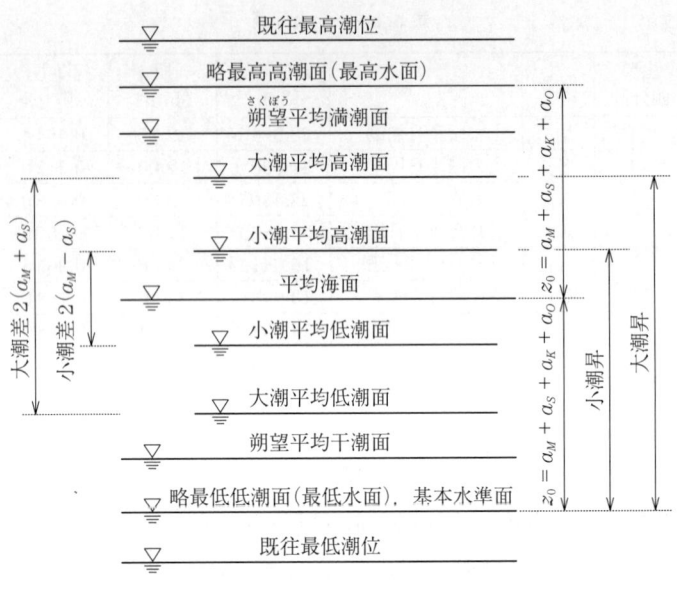

図 5.5 各種の潮位面

(図中の記載)
既往最高潮位
略最高高潮面(最高水面)
朔望(さくぼう)平均満潮面
大潮平均高潮面
小潮平均高潮面
平均海面
小潮平均低潮面
大潮平均低潮面
朔望平均干潮面
略最低低潮面(最低水面), 基本水準面
既往最低潮位

大潮差 $2(a_M + a_S)$
小潮差 $2(a_M - a_S)$
$z_0 = a_M + a_S + a_K + a_O$
小潮昇 $= a_M + a_K$
大潮昇 $= a_M + a_S$

- 既往最高潮位（highest high water level, H.H.W.L.），既往最低潮位（lowest low water level, L.L.W.L.）：観測期間中で最も高い潮位あるいは最も低い潮位．沿岸構造物の計画・設計・施工において重要な基準面．
- 略最高高潮面（最高水面），略最低低潮面（最低水面）：平均海面から主要四分潮の振幅の和 z_0 だけ上げた，あるいは下げた海面の高さ．
- 朔望平均満潮面，朔望平均干潮面：朔（新月）および望（満月）の日から 5 日以内に観測された各月の最高満潮面，最低干潮面を 1 年以上にわたって平均した海面の高さ．
- 大潮平均高潮面，大潮平均低潮面：大潮における満潮あるいは干潮の潮位を長期間にわたって平均した海面の高さ．調和定数が求められている場合には，平均海面から M_2 潮，S_2 潮の振幅の和だけ高い，あるいは低い海面の高さ．また，基本水準面から大潮平均高潮面までの偏差を大潮昇（升(しょう)）という．
- 小潮平均高潮面，小潮平均低潮面：小潮における満潮あるいは干潮の潮

位を長期間にわたって平均した海面の高さ．調和定数が求められている場合には，平均海面から M_2 潮，S_2 潮の振幅の差だけ高い，あるいは低い海面の高さ．また，基本水準面から小潮平均高潮面までの偏差を小潮昇（升）という．

5.3 港・湾の海面振動

港や湾のような閉鎖性水域では，その形状によって決まる固有周期がある．この固有周期に相当する波が開口部から閉鎖性水域に伝播すると，より大きな水位変動を引き起こす**共振**（resonance）が発生する．潮位観測では，天文潮に数分から数十分の振動が重なることがある．この現象は潮汐に対する2次振動で，**副振動**（secondary undulation）あるいは**セイシュ**（seiche）と呼ばれる．特に港湾内での副振動は**湾水振動**（harbor oscillation）という．副振動は津波や高潮のときにも発生する．

図 5.6 に，閉鎖型・開放型長方形水域における副振動を例示する．図 (a) に示す長方形水域（水深 h，長さ a，幅 $2b$）における副振動の周期 T は次式で与

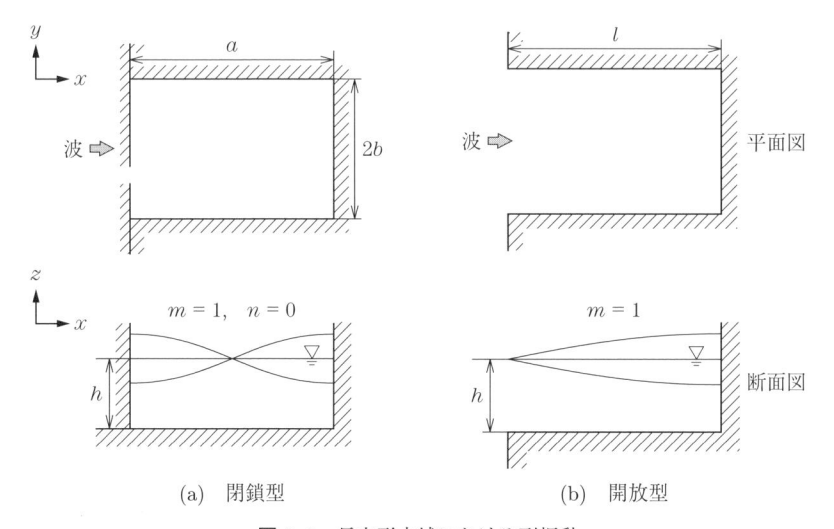

図 5.6 長方形水域における副振動

えられる[1]。

$$T = \frac{2}{\sqrt{gh}}\left\{\left(\frac{m}{a}\right)^2 + \left(\frac{n}{2b}\right)^2\right\}^{-\frac{1}{2}} \tag{5.37}$$

ここで，m は長さ方向の節線の数 $(m = 0,\ 1,\ 2,\ \cdots)$，n は幅方向の節線の数 $(n = 0,\ 1,\ 2,\ \cdots)$ である．

図 (a) には，$m = 1$，$n = 0$ の場合の水位変動を示し，単節モードの振動となっている．この場合の周期は，式 (5.37) より，$2a/\sqrt{gh}$ となる．

図 (b) に示す開放型長方形水域の場合，開放部分が節となり，副振動の周期 T は次式で表される[1]．

$$T = \frac{4l}{(2m-1)\sqrt{gh}} \tag{5.38}$$

防波堤は波浪防御を目的とした構造物であるが，防波堤の位置によっては，港口部を狭めるほど，共振により港内側の波高が増幅することがある．この現象を，マイルズとムンク[2]はハーバーパラドックス（harbor paradox）と呼んでいる．港湾の設計では，港内で共振を発生させないように，港内の共振周期と波の周期を事前に調査する必要がある．

5.4 津 波

5.4.1 津波の発生機構

津波（tsunami）は，気象学的な要因以外で発生した波動と定義され，地震による海底の隆起・沈降，海底火山の爆発，海岸部の地すべりなどによって引き起こされる．ここでは，最も発生頻度が高い海溝型地震による津波の発生機構について述べる．

地震が発生すると，断層運動によって地盤が隆起・沈降する．海底で地震が生じた場合は，海底面の変化に伴って海面が上昇・沈降する．これが津波の発生源である．ただし，震源が深い地震では，海底面の変動が海面にほとんど影響を与えないため，大きな津波は発生しない．一般的に，M 6.5 以上，震源の

深さが海底から 80 km までの深さで起きた地震の場合に津波が発生するといわれている．

1960 年代に，津波の発生機構として矩形断層面を仮定した断層モデルが提案され，地震による海底の地盤変動が量的に定式化された．断層モデルの概念図を図 5.7 に示す．断層モデルは，断層面の形を定める断層の長さ L と断層幅 W，地表面との関係を定める断層の走向 θ と断層面の傾斜角 δ，すべりの大きさと方向を定めるすべり量 U とすべり角 λ の断層パラメータによって記述される．これら六つのパラメータに加え，断層位置を示す北緯 N，東経 E および海底面から断層上端部までの深さ d から，マンシンハ（Mansinha）とスマイリー（Smylie）[3] や岡田[4] の方法を適用することで，断層運動に起因した地殻変動量を算出することができる．

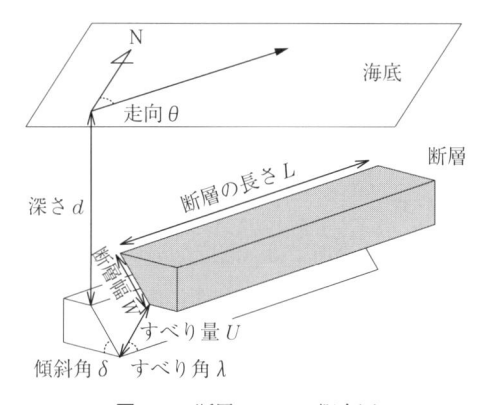

図 5.7 断層モデルの概念図

5.4.2 津波の伝播

地震によって発生する海底面の変動は平均的には数メートル程度であり，波源域の海面変動も同様である．しかし，沿岸部に到達する津波は 10 m 以上の高さにまで及ぶことがある．これは，水深変化に伴う浅水変形や海底・海岸形状による波高増幅のためである．津波は，その周期が数分〜数十分と長く，静水圧近似の長波理論で記述できる．波向線の間隔や水深が緩やかに変化する場

合，津波の波高変化は次式で表される．

$$\frac{H_2}{H_1} = \left(\frac{h_1}{h_2}\right)^{\frac{1}{4}} \left(\frac{b_1}{b_2}\right)^{\frac{1}{2}} \tag{5.39}$$

ここで，H_1, h_1, b_1 は断面 1 における波高，水深，水路幅，H_2, h_2, b_2 は断面 2 における波高，水深，水路幅である．

上式を，グリーンの法則（Green's law）と呼ぶ．この式より，湾口部が広く深く，湾奥部で狭く浅い湾では，湾奥部で津波の波高が増幅されやすい．ただし，グリーンの法則は微小振幅波理論に基づいて誘導されており，陸棚の反射や海底摩擦などを考慮していないため，式 (5.39) による算定値はやや過大評価の傾向にある．

長方形水域の固有周期 T は式 (5.38) より次式で与えられ，湾の固有周期と津波の周期が近い場合には，共振が発生する．

$$T = \frac{4l}{\sqrt{gh}} \tag{5.40}$$

5.4.3 津波の高さ

沿岸部に設置されている検潮所では，潮位を常時観測している．通常，1 日に 2 回ずつの満潮と干潮が観測されるが，津波来襲時には潮位が大きく変動する．津波の高さは，図 **5.8** に示すように，津波がない場合の潮位，つまり平常潮位

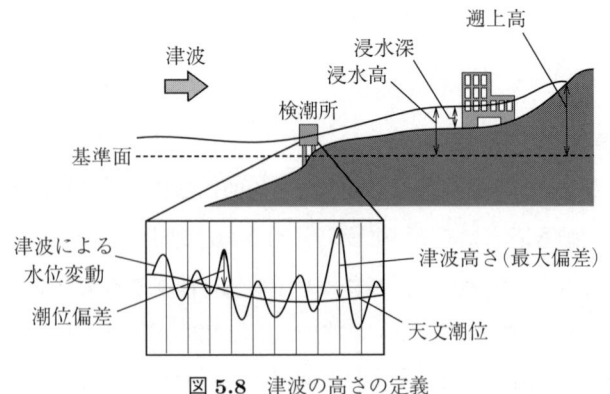

図 **5.8** 津波の高さの定義

と津波によって海面が上昇した高さの最大偏差として定義される．したがって，同じ津波の高さであっても，図 **5.9** からわかるように，津波が来襲したときの潮位が満潮か干潮かで，被害程度が大きく異なる．津波の予測解析では，東京湾平均海面 T.P. を基準に，上述の津波の高さに満潮位を加えた海面までの水位を，津波の高さと定義することが多い．

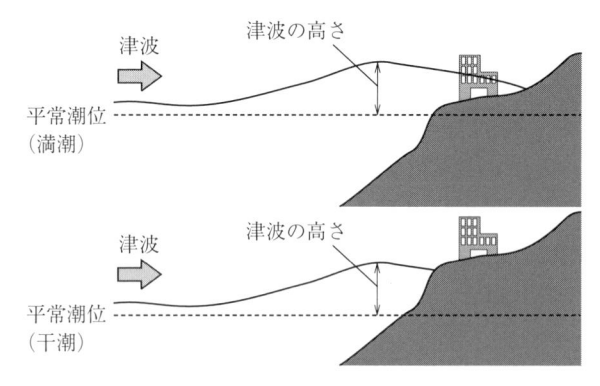

図 **5.9** 潮位による違い

図 5.8 に示すように，**遡上高**（runup height）は，平常潮位あるいは T.P. から津波が内陸部を駆け上がる最大の高さを示す．**浸水高**（inundation height）は平常潮位あるいは T.P. から浸水域の水面までの高さ，**浸水深**（inundation depth）は浸水域の水面から地面までの深さを表す．

5.4.4 津波の解析

津波の伝播・浸水計算では，水深方向に積分された平面 2 次元モデルが一般的に用いられる．以下に示すように，津波の伝播モデルの基礎方程式は，長波理論に基づき，鉛直方向に積分された x 方向，y 方向の運動方程式（式 (5.41)，(5.42)）と連続式（式 (5.43)）から構成されている．

$$\frac{\partial M}{\partial t} + \frac{\partial}{\partial x}\left(\frac{M^2}{D}\right) + \frac{\partial}{\partial y}\left(\frac{MN}{D}\right) = fN - gD\frac{\partial \eta}{\partial x} - \frac{\tau_x^b}{\rho} \qquad (5.41)$$

$$\frac{\partial N}{\partial t} + \frac{\partial}{\partial x}\left(\frac{MN}{D}\right) + \frac{\partial}{\partial y}\left(\frac{N^2}{D}\right) = -fM - gD\frac{\partial \eta}{\partial y} - \frac{\tau_y^b}{\rho} \qquad (5.42)$$

$$\frac{\partial \eta}{\partial t} + \frac{\partial M}{\partial x} + \frac{\partial N}{\partial y} = 0 \qquad (5.43)$$

ここで，$D\,(=\eta+h)$ は全水深，M，N はそれぞれ x，y 方向の線流量を表し，断面平均流速を $\bar{u}$，$\bar{v}$ とすると，$M=h\bar{u}$，$N=h\bar{v}$ で与えられる。f はコリオリ係数で，地球の自転角度を $\Omega\,(=7.27\times 10^{-5}/\mathrm{s})$，緯度を ϕ とすると $f=2\Omega\sin\phi$ で与えられる。近地津波の場合はコリオリ力の項が無視されることが多い。τ_x^b，τ_y^b は海底摩擦力である。津波が浅海域や陸域に進入した場合には，底面摩擦による抵抗が無視できなくなる。通常，津波の計算では，底面摩擦項として，次式に示す定常流の抵抗則である**マニング公式**（Manning formula）が用いられる。

$$\frac{\tau_x^b}{\rho} = \frac{gn^2}{D^{\frac{7}{3}}} M\sqrt{M^2+N^2} \qquad (5.44)$$

$$\frac{\tau_y^b}{\rho} = \frac{gn^2}{D^{\frac{7}{3}}} N\sqrt{M^2+N^2} \qquad (5.45)$$

ここで，n はマニングの粗度係数である。

津波の伝播モデルを用いた数値計算の一例として，図 **5.10** に 2011 年 3 月

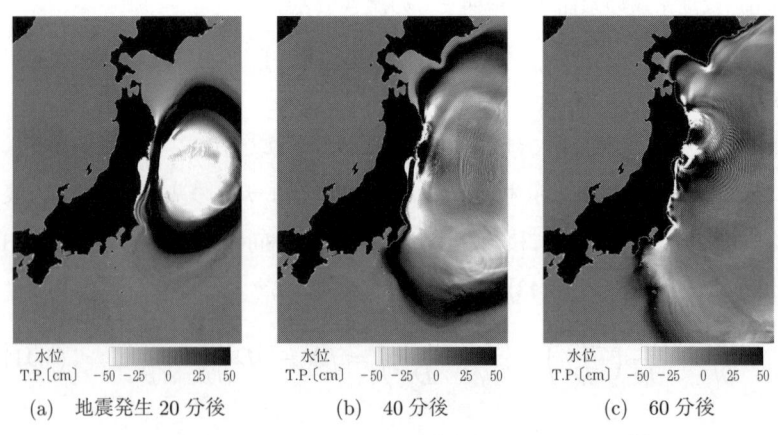

(a) 地震発生 20 分後 (b) 40 分後 (c) 60 分後

図 **5.10** 東北地方太平洋沖地震による津波の伝播状況[5]

> **コラム**
>
> **ラッセルによる孤立波の発見**
>
> 　津波は，波長が非常に長い上，一定の速度で伝播する性質を持つことから，孤立波（solitary wave）として扱われることがある．では，孤立波は，いつ，どこで，どのように発見されたのだろうか？
>
> 　1834年の夏，スコットランドの造船技術者であったジョンスコットラッセル（John Scott Russell）が偶然に孤立波を発見した．彼は，狭い水路で二頭の馬が引く小舟の運動を観察していた．小舟を急に止めた途端，船の前面から水が急に盛り上がり，船から離れて運河を進んでいく様子を目撃した．彼は，馬に乗ってその波を追いかけた結果，観察した波が時速 8～9 マイル（約 13～15 km/h）で進むことがわかった．ラッセルによる大発見が，孤立波をはじめ，その後の有限振幅波の解明の先駆けとなった．

11日に発生した東北地方太平洋沖地震による津波の伝播状況[5]を示す．地震発生から 30～40 分後には，津波が東北地方沿岸部全域に到達しており，数値解析を通じて津波の伝播特性を把握することができる．最近では，計算機の高速化と計算技術の進歩から，地震発生後に短時間で津波を解析できるようになり，近い将来，津波のリアルタイム解析が期待されている．

5.5　高　潮

5.5.1　高潮の特性

　高潮（storm surge）とは，台風や発達した低気圧の接近により，海水面が異常に上昇する現象である．海面の盛り上がりは，台風とともに移動し，湾奥部に達するとさらに上昇し，後背地への越波や越流を引き起こす．その結果，甚大な人的・物的被害をもたらすことになる．台風による高潮など，気象的要因によって引き起こされる水位変動は**気象潮**（meteorological tide）と呼ばれ，天文潮とは区別される．

　図 **5.11** に，内湾における高潮の一般的な時間変化を示す．台風がはるか外洋にある時点から**前駆波**（forerunner）によって，若干の水位上昇が生じる．台

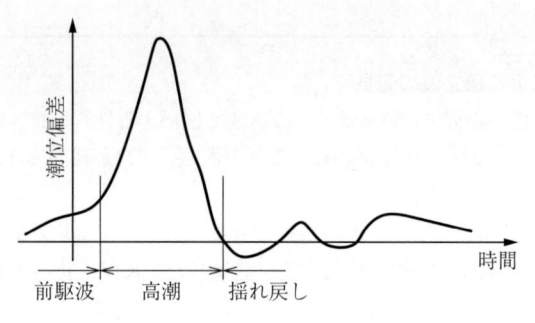

図 5.11 高潮の一般的な時間変化

風が接近すると，急激な水位上昇である高潮が生じる．台風通過後は**揺れ戻し**（resurgence）によって大きな水位の振動が発生する．

わが国に甚大な高潮災害をもたらした 1959 年の伊勢湾台風による名古屋港の潮位と気圧の時系列変化[6]を図 5.12 に示す．台風の中心が名古屋港に近づくにつれて気圧が急激に低下し，それに伴い，海面水位が 1.0 m から 3.89 m へと急激に上昇している．実際の潮位は天文潮と気象潮の和で表され，気象潮，つまり高潮による海面上昇は**潮位偏差**（sea level departure from normal）と呼ばれ，伊勢湾台風の場合には，最大で 3.55 m の潮位偏差が観測された．

高潮の発生要因には，気圧低下による海面の**吸い上げ効果**（suction effect of depression），沖合から岸に向かって吹く風による海水の**吹き寄せ効果**（wind-

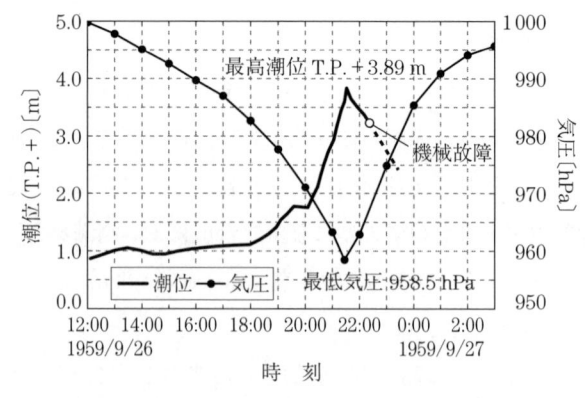

図 5.12 伊勢湾台風時の名古屋港の潮位と気圧[6]

drift effect），砕波による平均水位の上昇（wave set-up）がある．気圧低下による海面の吸い上げ効果とは，気圧の低下により空気が海面を押し付ける力が弱まり，逆に吸い上げるように力が働く結果，海面が上昇する現象である．気圧が 1 hPa 低下すると，海面が約 1 cm 上昇するといわれている．吹き寄せ効果は，強風による海面でのせん断応力により海水が風下方向に流動し，海面が傾斜・上昇する現象である．吹き寄せ効果による海面上昇量は一般的に風速の 2 乗に比例し，水深に反比例するため，広大な浅海域においては巨大高潮が発生する可能性がある．大きな波が岸に近づいて砕けると，多量の海水が岸方向に運ばれ，さらに沖側に急速に戻らないため，海岸付近に海水がとどまる．この wave set-up により，海岸付近で海面がより一層上昇する．

5.5.2 台風による気圧分布

図 **5.13** に，伊勢湾台風の気圧分布を示す．図より，台風のように中心気圧が極端に低い低気圧の気圧分布はほぼ同心円で近似できる．台風による気圧分布の推定においては，台風の同心円構造を仮定した経験的台風モデルがこれまで用

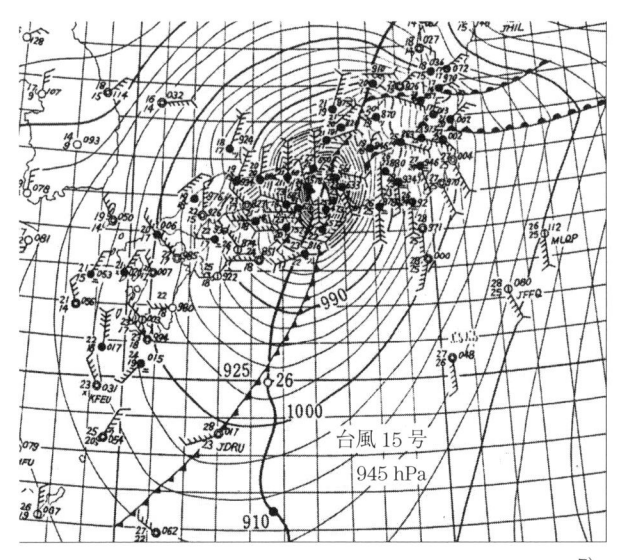

図 **5.13** 伊勢湾台風の気圧分布（1959 年 9 月 26 日 21 時）[7]

いられてきた。経験的台風モデルとしてよく使用される**マイヤーズの式**（Myers equation）はつぎのとおりである。

$$p_0 = p_c + \Delta p \exp\left(-\frac{r_0}{r}\right) \tag{5.46}$$

ここで，p_0〔hPa〕はある地点の気圧，p_c〔hPa〕は台風中心の海面気圧，Δp〔hPa〕は気圧深度，r_0〔km〕は台風中心から最大風速となる地点までの距離，r〔km〕はある地点の台風中心からの距離である。

図 **5.14** は，式 (5.46) に示す台風モデルで推定された伊勢湾台風の気圧分布の一例である。このように，台風の位置と台風中心の海面気圧から，時々刻々と変化する台風の気圧分布を推定することができる。

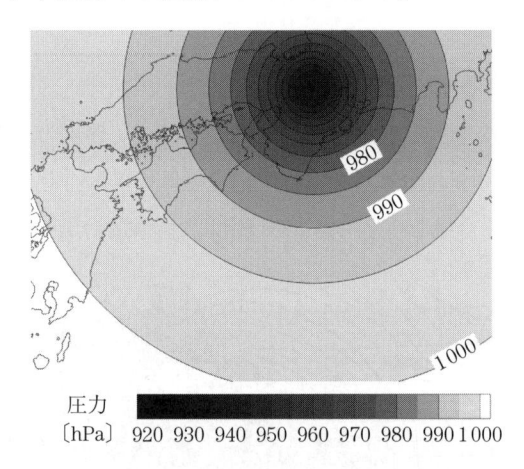

図 **5.14**　経験的台風モデルによる伊勢湾台風の気圧分布
（1959 年 9 月 26 日 21 時 0 分）

5.5.3　台風による風速分布

風は気圧の高いほうから低いほうに吹く。これを引き起こす力が**気圧傾度力**（pressure gradient force）である。気圧傾度力のみが作用する場合には，風は等圧線と直角の方向に吹く。しかし，地球の自転の影響によって，**コリオリ力**が働く。コリオリ力は，風の方向に対し，北半球では直角右向き（南半球では直角左向き）に作用する。図 **5.15** に示すように，コリオリ力と気圧傾度力がつ

5.5 高潮

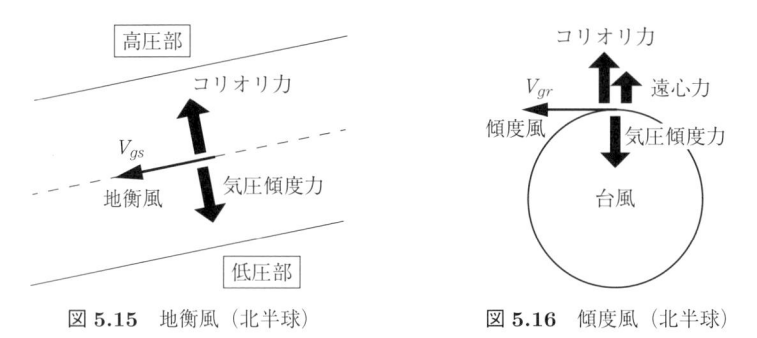

図 5.15 地衡風（北半球）　　**図 5.16** 傾度風（北半球）

り合うことにより，風は等圧線と平行な方向に吹くことになる。これを**地衡風**（geostrophic wind）と呼ぶ。地衡風の速度 V_{gs} は次式に示すとおりである。

$$V_{gs} = \frac{1}{f}\frac{1}{\rho_a}\frac{\partial p}{\partial r} \tag{5.47}$$

ここで，ρ_a は空気の密度である。

図 **5.16** に示すように，等圧線が閉じている場合の力のつり合いを考える。このとき，気圧傾度力，遠心力およびコリオリ力によって，次式が成り立つ。この風を**傾度風**（gradient wind）と呼ぶ。

$$\frac{V_{gr}^2}{r} + fV_{gr} = \frac{1}{\rho_a}\frac{\partial p}{\partial r} \tag{5.48}$$

ここで，V_{gr} は傾度風の速度である。

上式より，傾度風の速度は次式で表される。

$$V_{gr} = r\left(\sqrt{\frac{f^2}{4} + \frac{1}{r}\frac{1}{\rho_a}\frac{\partial p}{\partial r}} - \frac{f}{2}\right) \tag{5.49}$$

台風が静止している場合には，式 (5.46), (5.49) から，台風の眼を中心とした点対称の風速場が得られる。しかし，実際の台風では，台風の進路方向に向かって右側で風速が大きくなり，非対称の風速分布となる。これは，風速分布が台風の移動に影響を受けるためである。台風の移動による風を，場の風という。場の風の速度は，台風の移動速度に比例するものとして，次式により表される。

$$\vec{V_t} = \vec{V_{tm}} \exp\left(-\frac{\pi r}{l}\right) \tag{5.50}$$

ここで，$\vec{V_t}$ は台風の移動に伴う場の風速，$\vec{V_{tm}}$ は台風の移動速度，l は上式において場の風をほぼ0にする距離に関係するパラメータである。

上空の風速場を，式 (5.49)，(5.50) から得られる傾度風と場の風の和として算定することができる。高潮・波浪推算では，海面上 10 m の海上風がよく用いられる。海面付近においては摩擦によって風速が上空の風に比べて小さくなるため，上空の風を海上風に換算する必要がある。傾度風については，**図 5.17** に示すように，摩擦の影響を考慮して，等気圧線の接線方向に対し約 30° だけ傾いて台風の中心に向かうように風向が修正されることが多い。よって，次式に示すように，場の風と傾度風にそれぞれ風速低減係数 C_1，C_2 を乗じることにより，x，y 方向の海面上 10 m での風速 V_x，V_y が算定される。

$$V_x = C_1 V_{tmx} \exp\left(-\frac{\pi r}{l}\right) - C_2 V_{gr}(\cos\alpha \sin\theta + \sin\alpha \cos\theta) \quad (5.51)$$

$$V_y = C_1 V_{tmy} \exp\left(-\frac{\pi r}{l}\right) + C_2 V_{gr}(\cos\alpha \cos\theta - \sin\alpha \sin\theta) \quad (5.52)$$

ここで，V_{tmx}，V_{tmy} はそれぞれ台風の移動速度 $\vec{V_{tm}}$ の x，y 方向成分，α は等気圧線からの風の吹き込み角度である（図 5.17 では $\alpha = 30°$）。

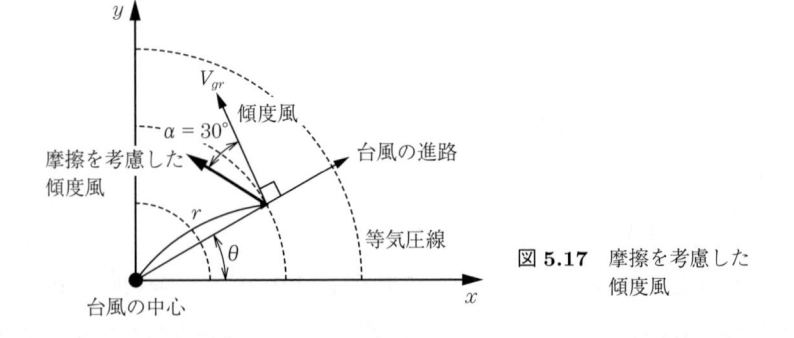

図 5.17 摩擦を考慮した傾度風

5.5.4 高潮の解析

高潮モデルの基礎方程式は，5.4.4 項の津波の伝播・浸水モデルと同様，長波理論に基づき，水深方向に積分された平面 2 次元モデルが一般的に用いられる。ただし，高潮モデルでは，外力として，気圧傾度力，風による海面摩擦力，ラ

ディエーション応力による駆動力を考慮する必要がある．以下に，高潮モデルの基礎方程式を示す．

$$\frac{\partial M}{\partial t} + \frac{\partial}{\partial x}\left(\frac{M^2}{D}\right) + \frac{\partial}{\partial y}\left(\frac{MN}{D}\right) = fN - gD\frac{\partial \eta}{\partial x} - \frac{D}{\rho}\frac{\partial p_0}{\partial x}$$
$$+ \frac{1}{\rho}(\tau_x^s - \tau_x^b - F_x) + A_h\left(\frac{\partial^2 \bar{u}}{\partial x^2} + \frac{\partial^2 \bar{u}}{\partial y^2}\right) \quad (5.53)$$

$$\frac{\partial N}{\partial t} + \frac{\partial}{\partial x}\left(\frac{MN}{D}\right) + \frac{\partial}{\partial y}\left(\frac{N^2}{D}\right) = -fM - gD\frac{\partial \eta}{\partial y} - \frac{D}{\rho}\frac{\partial p_0}{\partial y}$$
$$+ \frac{1}{\rho}(\tau_y^s - \tau_y^b - F_y) + A_h\left(\frac{\partial^2 \bar{v}}{\partial x^2} + \frac{\partial^2 \bar{v}}{\partial y^2}\right) \quad (5.54)$$

$$\frac{\partial \eta}{\partial t} + \frac{\partial M}{\partial x} + \frac{\partial N}{\partial y} = 0 \quad (5.55)$$

ここで，p_0 は大気圧，F_x，F_y はそれぞれ x，y 方向のラディエーション応力による駆動力，A_h は水平混合係数である．τ_x^b，τ_y^b は x，y 方向の海底摩擦力であり，式 (5.44)，(5.45) で求められる．τ_x^s，τ_y^s は風による x，y 方向の海面でのせん断力であり，次式で与えられる．

$$\tau_x^s = \rho_a C_D V_x \sqrt{V_x^2 + V_y^2} \quad (5.56)$$

$$\tau_y^s = \rho_a C_D V_y \sqrt{V_x^2 + V_y^2} \quad (5.57)$$

ここで，V_x，V_y はそれぞれ式 (5.51)，(5.52) より求められる x，y 方向の風速，C_D は海面の抵抗係数である．

図 **5.18** は，川崎ら[8]が構築した高潮モデルを用いて伊勢湾台風時の高潮を解析した一例である．図から，湾奥部における潮位の上昇や湾奥部への外洋水の流入などが認められる．地球温暖化による海面上昇が危惧されている現在，高潮の予測解析は，沿岸構造物の設計・維持補修などのハード対策と避難，防災・減災計画策定などのソフト対策において重要な役割を果たす．

(a) 気象場　　　　　　　　　　(b) 潮位偏差と流動場

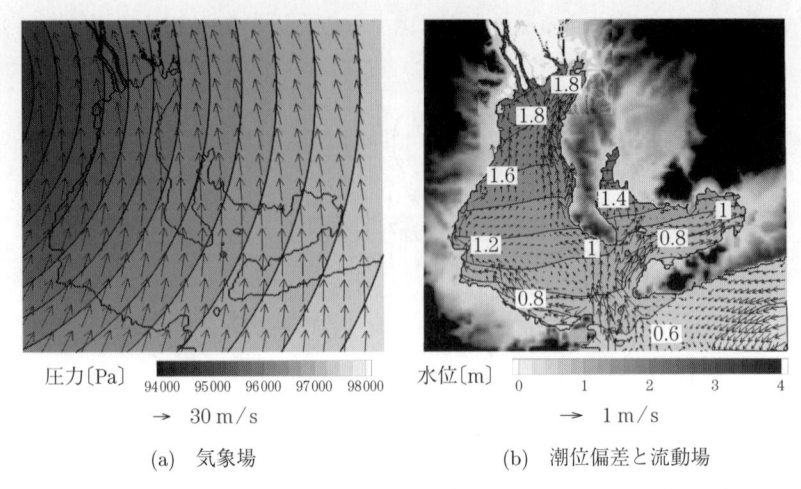

図 5.18　伊勢湾台風時の高潮計算結果（1959 年 9 月 26 日 21 時 2 分）

演習問題

〔**5.1**〕　式 (5.39) に示すグリーンの法則を導出せよ。

〔**5.2**〕　水深 100 m で一様な海域を波高 2 m の津波が伝播している。このときの波速 C と水粒子の最大水平方向流速 $u_{\max}$ を求めよ。

〔**5.3**〕　水路幅が 60 m から 40 m，水深が 10 m から 6 m に変化する地形を津波が伝播するとき，津波の高さが何倍に増幅されるかを，グリーンの法則を用いて求めよ。

6章 沿岸海域の流れ

◆本章のテーマ

沿岸海域の流れには，大洋を流れる海流，潮の干満に伴う潮流，波の作用によって生じる海浜流，風による吹送流，流体の密度差によって発生する密度流などがある。本章では，沿岸海域における各種の流れの発生機構と基本特性について解説する。

◆本章の構成（キーワード）

6.1 沿岸海域における流れの分類
　　　海流，潮流，海浜流，吹送流，密度流
6.2 海流
　　　貿易風，偏西風，黒潮，親潮
6.3 潮流
　　　潮流楕円，恒流，潮汐残差流
6.4 海浜流
　　　沿岸流，離岸流，ラディエーション応力，質量輸送速度，戻り流れ
6.5 吹送流
　　　エクマンらせん，エクマン輸送
6.6 密度流
　　　エスチュアリー循環，河口密度流，塩水くさび，成層，内部波，内部セイシュ

◆本章を学ぶと以下の内容をマスターできます

☞ 沿岸海域における流れの発生機構
☞ 海流・潮流・海浜流・吹送流・密度流の基本特性
☞ 成層海域の安定性

6. 沿岸海域の流れ

6.1　沿岸海域における流れの分類

　沿岸海域の流れを分類すると，海流，潮流，海浜流，吹送流，密度流に大別される。**海流**（ocean current）は大洋を循環する流れで，海洋循環流ともいわれている。**潮流**（tidal current）は潮汐によって発生する流れであり，潮汐流とも呼ばれる。**海浜流**（nearshore current）は波が崩れる砕波帯付近で発生する流れで，漂砂や海浜変形に大きな影響を及ぼす。**吹送流**（wind-driven current）は海面上に風が吹くことによって生じる流れである。**密度流**（density current）は流体の密度差に起因した流れである。

6.2　海　　　流

　海流（ocean current）は地球を取り巻く大洋を循環する流れである。図 **6.1** に，世界の代表的な海流を示す。海流のおもな発生原因は，風が吹くことによって発生する流れ，すなわち吹送流である。北半球の海洋では，緯度 20～30°付近の亜熱帯高圧帯から赤道低圧帯へ恒常的に吹く東寄りの風である**貿易風**（trade wind）により，北赤道海流が西向きに発生している。中緯度においては，ほぼ

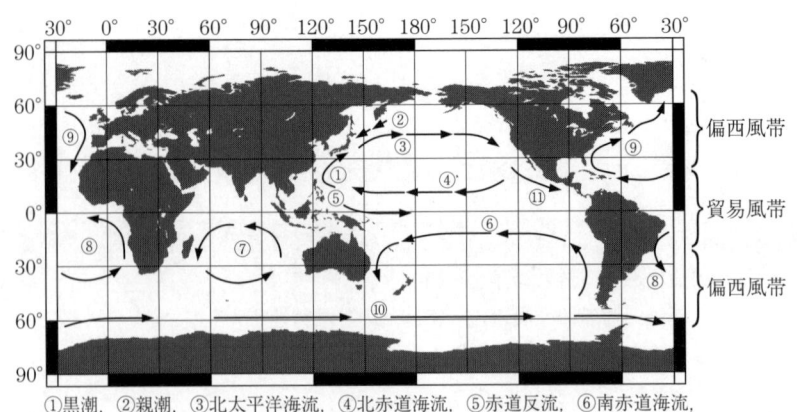

①黒潮，②親潮，③北太平洋海流，④北赤道海流，⑤赤道反流，⑥南赤道海流，⑦南インド海流，⑧南大西洋海流，⑨北大西洋海流，⑩南極海流，⑪カリフォルニア海流

図 **6.1**　世界の代表的な海流

> **コラム**
>
> **黒潮大蛇行とエルニーニョ現象**
>
> 　2004年から2005年にかけて，黒潮が紀伊半島・遠州灘沖で南に大きく蛇行する「大蛇行現象」が発生して話題になった。黒潮大蛇行が発生すると，蛇行した黒潮と本州南岸の間で冷水が湧昇し，漁場の位置に影響を与えることから，漁業関係者はその動向を気にしている。大蛇行そのものは異常現象ではなく，非蛇行水路とともに黒潮がとり得る安定流路の一つであり，1967年以降では5回発生している。
>
> 　大蛇行の発生メカニズムには未解明の部分が多く，黒潮の流量が影響しているという研究成果もあるが，明確な原因の特定には至っていない。最近では，黒潮大蛇行の発生・終息の周期から，エルニーニョ現象（東太平洋の赤道付近で海水温が平年より上昇する現象）との関係が指摘されている[1]。

　常時吹いている西寄りの風である**偏西風**（westerlies）の影響により，東向きの北太平洋海流が生じており，太平洋の北半球側では，時計回りの海洋循環流が形成されている。このように，貿易風と偏西風は海流の発生に大きな影響を与えていることがわかる。

　わが国周辺では，暖流の黒潮（日本海流）と対馬海流，寒流の親潮（千島海流）とリマン海流が流れている。その他の海流として，津軽海峡を日本海側から太平洋側に流れる津軽暖流，宗谷海峡を日本海側からオホーツク海側に流れる宗谷暖流などがある。

　海流の大きさと向きは年中ほぼ一定であるといわれているが，厳密には定常ではない。流れが強い黒潮が大蛇行することにより，わが国の内湾や内海の水環境に大きな影響を及ぼしている。

6.3　潮　　　流

　潮汐によって発生する流れを**潮流**（tidal current）という。潮流は沿岸海域における物質の輸送・拡散・混合などに強く関連する。比較的海岸に近い海域

の潮流は激しく，鳴門海峡のように10ノット（約18 km/h）以上の流速が現れるところもある。より水深の浅い領域では，海底などの影響を受けて潮流の速度が遅くなる。潮流は，潮の干満による海水の周期的な運動であるので，潮汐と同様，平均12時間25分の半日周期を持ち，流れの向きが1日4回変わる。場所によっては約24時間50分の日周潮が卓越することもある。流れが反転することを**転流**（turn of tide）といい，転流時に流れがほとんどなくなる状態を**憩流**（slack water）と呼ぶ。

潮流の計測方法として，プロペラ式・電磁式・超音波式流速計などオイラー的に定点観測する方法と浮標などを追跡するラグランジュ的な観測方法がある。流速計で計測した潮流の速度と向きをベクトル表示し，図 6.2 に例示するように，起点から1時間ごとのベクトルの先端の軌跡をとると，ほぼ楕円を描く。これを**潮流楕円**（current ellipse）という。潮流楕円の中心Cは一般に原点Oと一致しない。原点Oから中心Cへのベクトル$\overrightarrow{OC}$を**恒流**（permanent current）という。浮標を用いたラグランジュ的な潮流観測では，図 6.3 に示すように，一般に一周期後に元の位置には戻らない。起点から12時間後の地点までの変位を一周期で除した恒流は，図 6.2 に示す$\overrightarrow{OC}$にほぼ等しい。潮流と恒流による物質移動の概念図を図 6.4 に示す。一般に，恒流とはその構造が変化しない流れを意味するが，実際には時間的に大きく変化するため，**残差流**（residual current）とも呼ばれる。

※ 数字は経過時間〔h〕を表す。

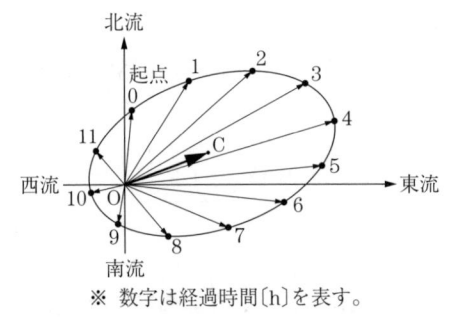

図 6.2 潮流楕円

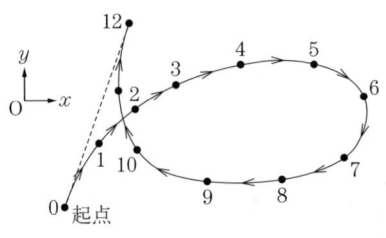

※ 数字は経過時間〔h〕を表す。

図 6.3 浮標の軌跡

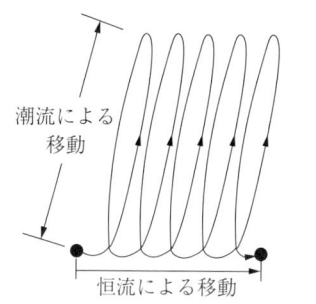

図 6.4 潮流と恒流による物質移動

残差流の発生原因は，海流，風による吹送流，密度差に起因する密度流，潮汐運動の流れなどが挙げられる。特に，地形の影響による潮汐運動の流れを**潮汐残差流**（tidal residual current）といい，沿岸海域の物質輸送・拡散に大きな影響を与える。

6.4 海　浜　流

図 **6.5** は海岸付近での流れの模式図，すなわち**海浜流系**（nearshore current system）を示す。**海浜流**（nearshore current）は海岸への波の入射に伴って発生する流れであり，海浜変形や海岸周辺の物質輸送に大きな影響を及ぼす。海

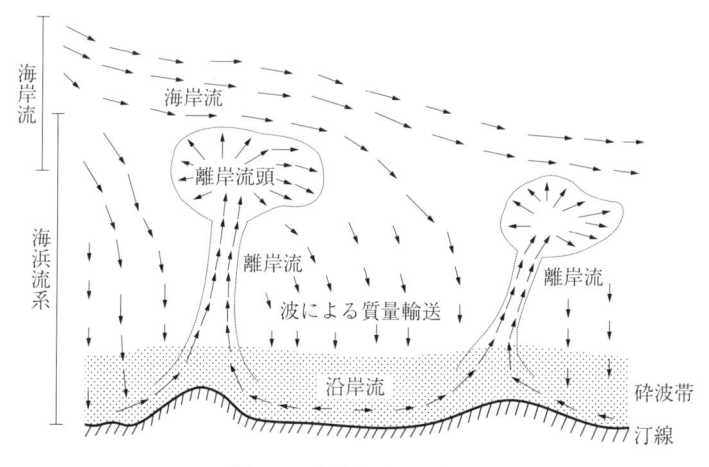

図 **6.5** 海浜流系の模式図

浜流は，岸に沿って流れる**沿岸流**（longshore current），沖に向かって流れる**離岸流**（rip current），波による**質量輸送**（mass transport）とそれに伴う沖向き流れの**戻り流れ**（return flow）に大別される。

x, y 方向の水粒子速度 u, v は，次式のように，波周期で平均された鉛直平均流速 U, V とその残差流速 u_w, v_w の和で表せるとする。

$$u = U + u_w, \quad v = V + v_w \tag{6.1}$$

海浜流の基礎方程式は，連続式（式(2.1)）と運動方程式（式(2.5), (2.6)）を鉛直方向に積分し，上式を使って時間平均すると，次式のようになる。なお，底面せん断力と水平拡散を表現するために，τ_x, τ_y, $K_{xx}\partial^2 U/\partial x^2$, $K_{xy}\partial^2 U/\partial y^2$, $K_{yx}\partial^2 V/\partial x^2$, $K_{yy}\partial^2 V/\partial y^2$ の項を運動方程式に付加している。

$$\frac{\partial \overline{\eta}}{\partial t} + \frac{\partial U(h+\overline{\eta})}{\partial x} + \frac{\partial V(h+\overline{\eta})}{\partial y} = 0 \tag{6.2}$$

$$\frac{\partial U}{\partial t} + U\frac{\partial U}{\partial x} + V\frac{\partial U}{\partial y} = -g\frac{\partial \overline{\eta}}{\partial x} - \frac{1}{\rho(h+\overline{\eta})}\left(\frac{\partial S_{xx}}{\partial x} + \frac{\partial S_{xy}}{\partial y} + \tau_x\right)$$
$$+ K_{xx}\frac{\partial^2 U}{\partial x^2} + K_{xy}\frac{\partial^2 U}{\partial y^2} \tag{6.3}$$

$$\frac{\partial V}{\partial t} + U\frac{\partial V}{\partial x} + V\frac{\partial V}{\partial y} = -g\frac{\partial \overline{\eta}}{\partial y} - \frac{1}{\rho(h+\overline{\eta})}\left(\frac{\partial S_{yx}}{\partial x} + \frac{\partial S_{yy}}{\partial y} + \tau_y\right)$$
$$+ K_{yx}\frac{\partial^2 V}{\partial x^2} + K_{yy}\frac{\partial^2 V}{\partial y^2} \tag{6.4}$$

ここで，$\overline{\eta}$ は平均水位，S_{xx}, S_{xy}, S_{yx}, S_{yy} はラディエーション応力，τ_x, τ_y は底面せん断力，K_{xx}, K_{xy}, K_{yx}, K_{yy} は水平拡散係数である。

ラディエーション応力（radiation stress）はロンゲットヒギンズ[2]）によって導入された概念であり，波動に起因した過剰運動量フラックスを表す。図 **6.6** に示すように，波向き角 θ で入射する波のラディエーション応力 S_{xx}, S_{yy}, S_{xy}, S_{yx} は，波エネルギー E を用いて次式で与えられる。

6.4 海浜流

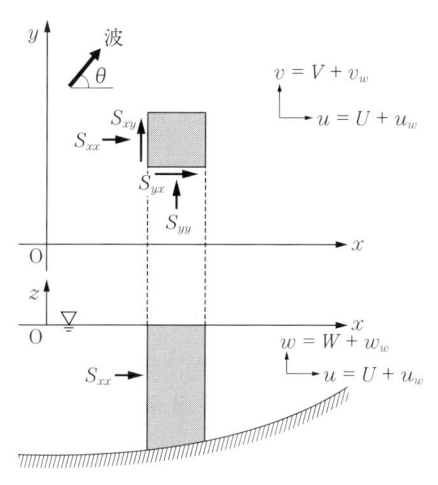

図 6.6 ラディエーション応力

$$S_{xx} = \overline{\int_{-h}^{\eta}(p+\rho u_w^2)\,dz} - \int_{-h}^{0}(-\rho gz)dz$$

$$= E\left\{\left(\frac{C_g}{C}-\frac{1}{2}\right)+\frac{C_g}{C}\cos^2\theta\right\} \tag{6.5}$$

$$S_{yy} = \overline{\int_{-h}^{\eta}(p+\rho v_w^2)\,dz} - \int_{-h}^{0}(-\rho gz)dz$$

$$= E\left\{\left(\frac{C_g}{C}-\frac{1}{2}\right)+\frac{C_g}{C}\sin^2\theta\right\} \tag{6.6}$$

$$S_{xy}=S_{yx}=\overline{\int_{-h}^{\eta}\rho u_w v_w dz}=E\frac{C_g}{C}\sin\theta\cos\theta \tag{6.7}$$

ここで，上付き線は一周期平均を表す．

6.4.1 平 均 水 位

平行な等深線を持つ直線状の海岸に微小振幅波が直角に入射する場合 ($\theta=0°$) を考えると，y方向(沿岸方向)の勾配$\partial/\partial y$は0となる．また，定常状態($\partial/\partial t=0$)で底面せん断力項と水平拡散項が無視できるとすると，式 (6.2) と式 (6.3) は次

式のようになる.

$$U(h+\overline{\eta}) = 一定 \tag{6.8}$$

$$\frac{\partial \overline{\eta}}{\partial x} = -\frac{1}{\rho g(h+\overline{\eta})}\frac{\partial S_{xx}}{\partial x} \tag{6.9}$$

式 (6.9) は，水面勾配とラディエーション応力の x 方向（岸沖方向）勾配のつり合いを示す．つまり，岸沖方向に波高が一様でなければ，ラディエーション応力に勾配が生じて平均水位が変化することになる.

式 (6.9) において，$\overline{\eta} \ll h$ とすると，次式が得られる.

$$\frac{\partial \overline{\eta}}{\partial x} = -\frac{1}{\rho g h}\frac{\partial S_{xx}}{\partial x} \tag{6.10}$$

砕波帯の沖側では，波エネルギーの輸送量 EC_g はほぼ一定なので，上式より，平均水位は次式で与えられる.

$$\overline{\eta} = -\frac{1}{8}\frac{H^2 k}{\sinh 2kh} \tag{6.11}$$

上式から，砕波帯の沖側においては必ず $\overline{\eta} < 0$ となり，平均水位が負となる．これを **wave set-down** という.

一方，砕波帯内における波高は，水深によってほぼ制限されるため，次式で表される.

$$H = \gamma(h+\overline{\eta}) \tag{6.12}$$

ここで，γ は $0.8 \sim 1.2$ の定数である.

浅海域におけるラディエーション応力 S_{xx} は，式 (6.5)，(6.12) より，次式となる.

$$S_{xx} = \frac{3}{2}E = \frac{3}{16}\rho g H^2 = \frac{3}{16}\rho g \gamma^2 (h+\overline{\eta})^2 \tag{6.13}$$

上式を式 (6.10) に代入して，$\overline{\eta} \ll h$ の条件下で整理すると，次式が得られる.

$$\frac{\partial \overline{\eta}}{\partial x} = -\frac{3\gamma^2}{3\gamma^2+8}\frac{\partial h}{\partial x} \tag{6.14}$$

6.4 海　浜　流

上式より，深い領域から浅い領域へ波が伝播すると ($\partial h/\partial x < 0$)，平均水位の勾配は $\partial \overline{\eta}/\partial x > 0$ となる．つまり，砕波によって急激に波高が減衰すると，平均水位が上昇する **wave set-up** が発生する．

以上のことをまとめると，平均水位は，図 **6.7** に示すように，沖から岸にかけて，砕波帯沖側で低下し，砕波帯内で上昇する特性を持つ．

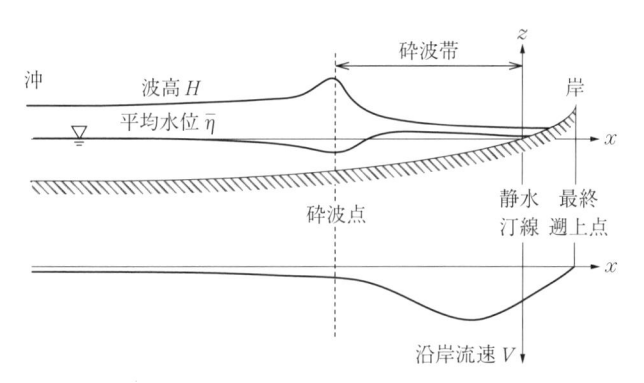

図 **6.7**　砕波帯近傍の平均水位と沿岸流速

6.4.2 沿　岸　流

平行な等深線を持つ直線海岸に微小振幅波が一様に斜め入射する場合を考える．定常かつ $\overline{\eta} \ll h$ の条件下で底面せん断力と水平拡散の項が無視できるとすると，岸沖方向は，直角入射の場合と同様に，式 (6.8)，(6.10) が適用される．沿岸方向については，ラディエーション応力項とのつり合いを考えると，底面せん断力と水平拡散の項が無視できず，式 (6.4) より次式が得られる．

$$0 = -\frac{1}{\rho h}\left(\frac{\partial S_{yx}}{\partial x} + \tau_y\right) + K_{yx}\frac{\partial^2 V}{\partial x^2} \tag{6.15}$$

ロンゲットヒギンズ[3]と同様に，沿岸方向の流速，すなわち**沿岸流** (longshore current) の流速 V の解析解を求める．式 (6.15) で水平拡散項を無視すると，次式が得られる．

$$\tau_y = -\frac{\partial S_{yx}}{\partial x} \tag{6.16}$$

波の屈折により波向き角 θ がほぼ $0°$ で極浅海域に波が入射した場合を考えると，式 (6.7)，(6.12) より，S_{yx} は次式で表される。ただし，$\overline{\eta} \ll h$ の条件を課している。

$$S_{yx} = \frac{1}{8}\rho g H^2 \sqrt{gh}\frac{\sin\theta}{C} \fallingdotseq \frac{1}{8}\rho g \gamma^2 \sqrt{gh}^{\frac{5}{2}} \frac{\sin\theta}{C} \tag{6.17}$$

上式のうち $\sin\theta/C$ は，スネルの法則を示す式 (3.26) より，一定となるので，S_{yx} は水深 h のみに依存する。

波による底面せん断力 τ_{wy} は，底面摩擦係数 $f_w(=\tau/(1/2\rho u_{wb}^2))$ を用いて，次式で与えられるとする。

$$\tau_{wy} = \rho f_w |u_{wb}| V \tag{6.18}$$

ここで，u_{wb} は底面における波動成分の水平流速である。

上式を時間平均すると，次式が得られる。

$$\overline{\tau_{wy}} = \frac{2}{\pi}\rho f_w u_{wbm} V \fallingdotseq \frac{1}{\pi}\rho f_w \gamma \sqrt{gh} V \tag{6.19}$$

ここで，u_{wbm} は底面における波動成分の最大水平流速で，式 (2.33) より次式で求められる。

$$u_{wbm} = \frac{H\sigma}{2kh} \fallingdotseq \frac{\gamma\sqrt{gh}}{2} \tag{6.20}$$

底面せん断応力 τ_y は $-\overline{\tau_{wy}}$ なので，このことを考慮して，式 (6.17)，(6.19) を式 (6.16) に代入すると，沿岸流の空間分布が次式で求められる。

$$V = \frac{5\pi}{16}\frac{\gamma}{f_w}\frac{\partial h}{\partial x} gh \frac{\sin\theta}{C} = \frac{5\pi}{16}\frac{\gamma\tan\beta}{f_w} gh \frac{\sin\theta}{C} \tag{6.21}$$

ここで，$\tan\beta$ は底面勾配 $\partial h/\partial x$ を表す。

上式より，沿岸流速 V は砕波点で最大値を持つ三角形分布となる。しかし，この式の誘導では水平拡散項を無視しており，実際には，図 6.7 に示すように，最大沿岸流は汀線と砕波点の間で発生する。

6.4.3 離岸流

図 6.5 に示したように，砕波帯を横切って沖に流出する流れを**離岸流**（rip current）という。離岸流により沖に輸送された海水はキノコ雲のような**離岸流頭**（rip head）となって広がり，再び波に伴う質量輸送により岸向きに運ばれる。離岸流の速さはときに 2 m/s を超えることもあり，海水浴における水難事故の原因の一つである。離岸流によって沖に流されそうになった場合は，岸に平行に泳いで離岸流から抜け出す必要がある。

6.4.4 波による質量輸送と戻り流れ

2.6 節で述べたとおり，非線形性を帯びた有限振幅波は，波峰がとがり波谷が平坦な上下非対称の波形になる。これに伴い，水粒子の運動は楕円軌道からずれ，一周期後に元の位置には戻らず，少し波の進行方向に移動する。すなわち，水粒子が波の運動により波の進む方向へ輸送される**質量輸送**（mass transport）が発生する。その速度は**質量輸送速度**（mass transport velocity）と呼ばれ，式 (2.78) で表される。

波の進行方向に質量がつねに輸送されると，沖側の水は岸側に輸送され続け，岸側の水位が継続的に上昇することになる。しかし，実際にはそのようなことは起こらず，底面付近で発生する沖に向かう流れ，つまり**戻り流れ**（return flow）の存在により，汀線付近の水位上昇は有限にとどまる。換言すると，汀線付近の水位が定常であるためには，鉛直断面内で質量輸送速度と戻り流れが平衡し，正味の時間平均流速がほぼ 0 になる必要がある。

6.5 吹送流

風が吹くことにより，海面上に接線応力が働き，海水の流れが生じる。これを，**吹送流**（wind-driven current）という。閉鎖性海域で吹送流が長く続くと，風上側で上昇流，風下側で下降流が発生し，海域の上層と下層の海水が交換する鉛直循環流が形成されることがある。

吹送流に関する既往の研究例としては，エクマン（Ekman）の理論[4]）が有名である。エクマンの理論では，海水に働く力に関して，風による外力と海水の運動に伴うコリオリ力がつり合うと仮定している。コリオリ力は，北半球の場合，運動方向に対し直角右方向に作用するため，図 **6.8** に示すように，海水の流れの向きが，風向と異なり，水深方向に対してらせん状に変化する。これを**エクマンらせん**（Ekman spiral）といい，これによる海水の輸送を**エクマン輸送**（Ekman transport）と呼ぶ。海面上の流向と逆向きになる深さを摩擦深度，海面から摩擦深度までの層をエクマン層という。

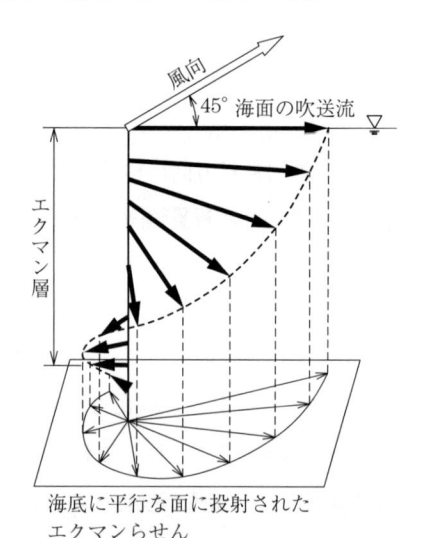

図 **6.8** エクマンらせん

エクマンの理論は無限水深の海洋を対象に導いているため，水深が有限である海域では異なった流れとなる。実際の沿岸海域では，時空間スケールが小さいため，表層の海水はほぼ風の方向に流れ，中層・底層は風の影響をほとんど受けない。一般に，吹送流の大きさは風速の2～3％程度といわれている。

6.6　密　度　流

流体の密度差に起因する流れを**密度流**（density current）という。河川水が流

入する海域においては，海水と河川水の密度差により，上層で湾口に向かう流れと下層で湾奥部に向かう流れが形成される。これを**エスチュアリー循環**（estuary circulation）という。このように，密度流は，河川と海の影響を強く受ける沿岸海域の流動構造と物質輸送に大きな影響を及ぼす。

海水の密度 ρ [kg/m^3] は，水温 T [°C] と塩分 S [psu] の関数として与えられる。psu は実用塩分単位（practical salinity unit）と呼ばれ，海水の電気伝導度の測定から塩分を求めた場合に使われ，千分率（‰）に相当する。一例として，UNESCO[5] の状態方程式を次式に示す。

$$\begin{aligned}\rho = \rho_w &+ S\left\{0.824\,493 + (-4.089\,9 \times 10^{-3})\,T + (7.643\,8 \times 10^{-5})\,T^2\right.\\ &\left.+ (-8.246\,7 \times 10^{-7})\,T^3 + (5.387\,5 \times 10^{-9})\,T^4\right\}\\ &+ S^{1.5}\left\{-5.724\,66 \times 10^{-3} + (1.022\,7 \times 10^{-4})\,T\right.\\ &\left.+ (-1.654\,6 \times 10^{-6})\,T^2\right\} + S^2\,(4.831\,4 \times 10^{-4}) \end{aligned} \quad (6.22)$$

ここで，ρ_w は次式で与えられる。

$$\begin{aligned}\rho_w = 999.842\,594 &+ (6.793\,952 \times 10^{-2})\,T - (9.095\,290 \times 10^{-3})\,T^2\\ &+ (1.001\,685 \times 10^{-4})\,T^3 - (1.120\,083 \times 10^{-6})\,T^4\\ &+ (6.536\,332 \times 10^{-9})\,T^5 \end{aligned} \quad (6.23)$$

6.6.1 河口密度流

河口域においては，河川からの淡水流入に加え，潮汐に伴う海水の進入により，複雑な構造の密度流が形成される。**河口密度流**（density current in estuary）は，河川水と海水の混合の度合いによって，以下に示すように，弱混合型，緩混合型，強混合型の 3 種類に分類される。図 **6.9** に，河口密度流の混合形態を示す。図の色の濃淡は密度の大きさを表し，色が濃いほど密度が大きいことを示す。

- 弱混合型： 河川水と海水がほとんど混合しない明瞭な密度成層が形成される形態。海水が河川の底層にくさび状に遡上・進入することから，**塩**

(a) 弱混合型　　(b) 緩混合型

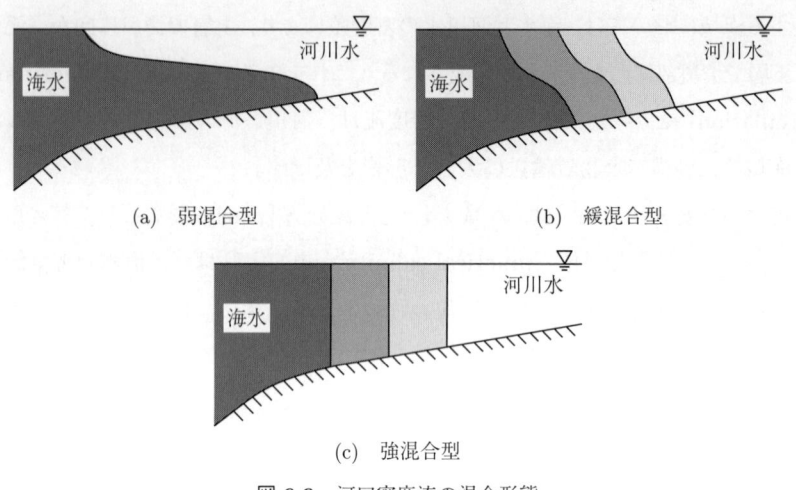

(c) 強混合型

図 **6.9** 河口密度流の混合形態

水くさび（salt water wedge）とも呼ばれる。
- **緩混合型**： 弱混合型とつぎに述べる強混合型の中間の形態。弱混合型に比べて，河川水と海水の境界面での混合は強く，明瞭な境界面は見られない。水平方向，鉛直方向ともに密度勾配が生じる。
- **強混合型**： 河川流の乱れが大きく，密度は鉛直方向に一様化し，縦断方向にのみ密度分布が変化する形態。

河口密度流の流動形態を分類する方法の一つとして，タイダルプリズムを用いる方法がある。**タイダルプリズム**（tidal prism）とは，上げ潮時に河口に流入する総海水量 P であり，一潮汐の間に河口に流入する総河川量 Q とタイダルプリズム P の比 Q/P を用いると，河口密度流の流動形態が，$Q/P > 0.7$ の場合は弱混合型，$0.2 < Q/P < 0.5$ の場合は緩混合型，$Q/P < 0.1$ の場合は強混合型と分類される。

河口域では，河川水と海水が混合するため，密度流の発生だけでなくさまざまな化学変化が起こり，凝集沈降（**フロキュレーション**（flocculation））が生じる。フロキュレーションは，河川水の塩分濃度が海水との接触により急激に高くなり，コロイド状の細粒土砂粒子の表面電荷が変化して，粒子どうしがくっつ

き，粒径が大きくなって沈降する現象である．河口域では，フロキュレーションによる土砂堆積が航路埋没などの問題を引き起こしている．

6.6.2 成層海域の安定性

下層の密度に比べて上層の密度が小さい場合，その海域は**成層化**（stratification）しているという．図 **6.10** に示すように，鉛直方向に連続的な密度分布を持つ成層を**連続成層**（continuous stratification），密度分布が不連続な多層の成層を**不連続成層**（discontinuous stratification）と呼ぶ．不連続成層の中で，上下 2 層の場合を 2 成層，n 層から成る場合を n 成層という．

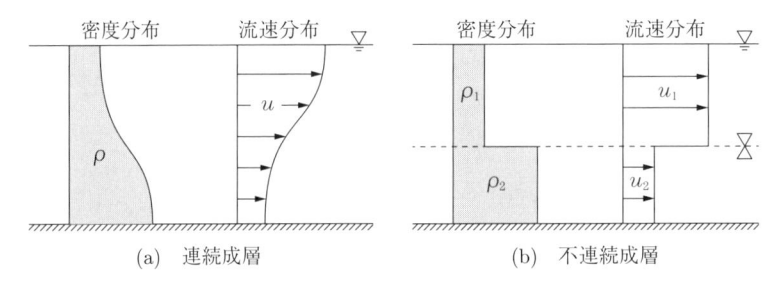

図 **6.10** 成層の構造

成層の安定度を表すパラメータの一つとして，次式で定義される浮力と慣性力の比を表す**リチャードソン数**（Richardson number）R_i がある．R_i が大きいと安定で，小さいと不安定になる．

$$R_i = \frac{-g\dfrac{d\rho}{dz}}{\rho\left(\dfrac{du}{dz}\right)^2} \tag{6.24}$$

上式で定義されるリチャードソン数は局所的な諸量を用いて定義されていることから，局所リチャードソン数とも呼ばれる．

密度成層の安定度を表す別のパラメータとして，**ブラント・バイサラ振動数**（Brunt-Vaisälä frequency）を説明する．図 **6.11** に示すように，密度 ρ の鉛直勾配が $d\rho/dz < 0$ となる静止状態の連続成層で，$z = z$ の位置における単位

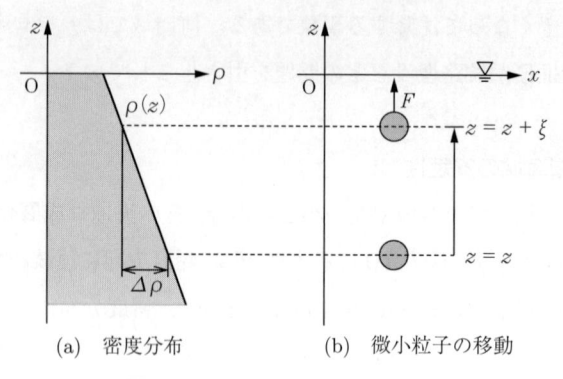

図 **6.11** 連続成層における水粒子

質量の微小粒子を微小時間に $\xi(>0)$ だけ上方に移動させる場合を考える。

水粒子が受ける外力である浮力 F は，$F = (\Delta\rho/\rho)g$（$\Delta\rho = \rho_{z+\xi} - \rho_z = d\rho/dz \cdot \xi$）である。加速度は $d^2\xi/dt^2$ であり，次式が成り立つ。

$$\frac{d^2\xi}{dt^2} = \frac{\Delta\rho}{\rho}g = \frac{g}{\rho}\frac{d\rho}{dz}\xi = -N^2\xi \tag{6.25}$$

ここで，N は次式で定義される密度成層の安定度を表すブラント・バイサラ振動数である。

$$N = \sqrt{-\frac{g}{\rho}\frac{d\rho}{dz}} \tag{6.26}$$

$N^2 > 0$（$d\rho/dz < 0$）の場合，時刻 $t = 0$ における $\xi = a$，$d\xi/dt = 0$ の初期条件下で式 (6.25) を積分すると，次式が得られる。

$$\xi = a\cos Nt \tag{6.27}$$

上式は密度成層において振幅 a，周期 $2\pi/N$ の振動が発生することを示す。このように，静力学的に安定な密度成層を**安定成層**（stable stratification）という。なお，実際の海域では，流体の粘性により振幅は時間の経過とともに減衰する。

$N^2 < 0$（$d\rho/dz > 0$）の場合，式 (6.25) の解は次式となる。

$$\xi = a\cosh Nt \tag{6.28}$$

上式より，鉛直方向に移動させられた水粒子は，浮力の作用により元の位置から離れていくことになる。このような静力学的に不安定な成層を**不安定成層**（unstable stratification）と呼ぶ。

$N^2 = 0$ $(d\rho/dz = 0)$ の場合には，鉛直方向に移動させられた水粒子はその位置で停止する。この場合を，静力学的に中立であるという。

リチャードソン数とブラント・バイサラ振動数の関係は，式 (6.24)，(6.26) より，次式となる。

$$R_i = \frac{N^2}{\left(\dfrac{du}{dz}\right)^2} \tag{6.29}$$

6.6.3 内部波と内部セイシュ

図 **6.12** に示すように，海域が成層化しているときの密度界面で発生する波を**内部波**（internal wave）と呼ぶ。海面で形成される長波の波速は，式 (2.65) で示したとおり，$C = \sqrt{gh}$ で表される。内部波が長波で近似される場合の波速 C は，重力加速度 g を次式で定義される加速度 g' に置き換えればよく，$C = \sqrt{g'h}$ で与えられる

$$g' = \frac{\rho_1 - \rho_2}{\rho_1} g \tag{6.30}$$

ここで，ρ_1，ρ_2 はそれぞれ下層と上層の密度を表す。

成層海域の密度界面で生じる振動を**内部セイシュ**（internal seiche）という。内部セイシュの模式図を図 **6.13** に示す。長方形水域における内部セイシュの固有周期は，内部波と同様，式 (5.37)，(5.38) の g を g' に置換するだけでよい。

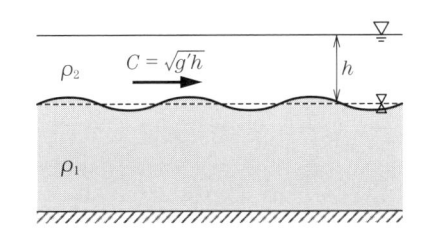

図 **6.12** 内部波

(a) 閉鎖型　　　　　　　　　(b) 開放型

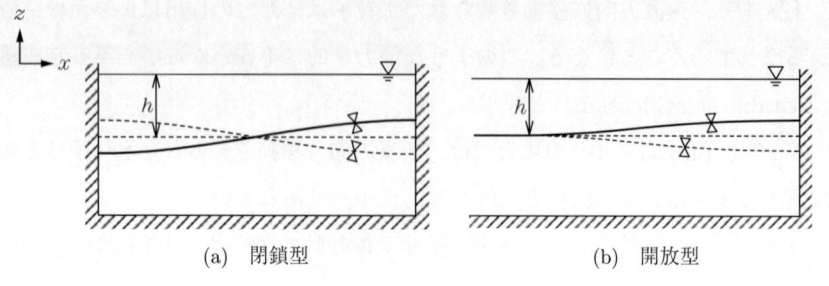

図 6.13 内部セイシュ

演習問題

〔**6.1**〕 式 (6.11) を誘導せよ。

〔**6.2**〕 水深 h，長さ a，幅 b の完全に閉じた長方形水域，および一方向のみが開いた長方形水域それぞれにおける内部セイシュの周期を求めよ。ただし，$h = 10\,\mathrm{m}$，$a = 100\,\mathrm{m}$，$b = 100\,\mathrm{m}$，$m = 1$，$n = 0$，下層・上層の流体密度をそれぞれ $1\,000\,\mathrm{kg/m^3}$，$990\,\mathrm{kg/m^3}$ とする。

〔**6.3**〕 式 (2.78) を用いて，水深 $6\,\mathrm{m}$ の地点における，周期 $10\,\mathrm{s}$，波高 $2.0\,\mathrm{m}$ の波による静水面での質量輸送速度を求めよ。

7章 波と沿岸構造物

◆本章のテーマ

沿岸構造物に作用する波力・波圧を精度よく評価・予測することは，構造物の設計・維持管理の面で必要不可欠である．本章では，波力・波圧の基本特性と円筒構造物に作用する波力について解説する．沿岸構造物のうち，直立堤と混成堤を取り上げ，両構造物の波圧算定式を紹介するとともに，斜面上の被覆材の安定性，波の打ち上げ，越波について説明する．

◆本章の構成（キーワード）

7.1 物体に作用する波力
　　　直方向力，揚力，波力，波圧，慣性力，付加質量，抗力
7.2 円柱構造物に作用する波力
　　　クーリガン・カーペンター数，回折波，モリソン式
7.3 直立堤に作用する波圧
　　　サンフルー式，合田式
7.4 斜面上における被覆材の安定性
　　　ハドソン式，安定係数，安定数，イスバッシュ式
7.5 波の打ち上げと越波
　　　打ち上げ高さ，仮想勾配法，越波，許容越波流量

◆本章を学ぶと以下の内容をマスターできます

- 波力と波圧の関係
- 慣性力と抗力の定義
- 小口径・大口径円柱構造物に作用する波力
- 直立堤と混成堤の波圧算定
- 斜面上の被覆材の安定解析
- 波の打ち上げ高さと越波流量の算定

7.1 物体に作用する波力

7.1.1 波力と波圧

図 **7.1** に示すように，流れ（流速 u）の中に固定された物体の面積要素 ds に作用する圧力 $p(\theta)$，せん断力 $\tau(\theta)$ を考えると，物体に作用する流れ方向の力 F_x，流れと直角方向の力 F_y はそれぞれ次式で表される。

$$F_x = \iint p(\theta) \cos\theta \, ds + \iint \tau(\theta) \sin\theta \, ds \tag{7.1}$$

$$F_y = \iint p(\theta) \sin\theta \, ds + \iint \tau(\theta) \cos\theta \, ds \tag{7.2}$$

ここで，式 (7.1), (7.2) それぞれの右辺第 1 項は圧力に起因する抵抗力，第 2 項は摩擦抵抗力である。F_x, F_y を，それぞれ**直方向力**（in-line force），**揚力**（lift force）と呼ぶ。

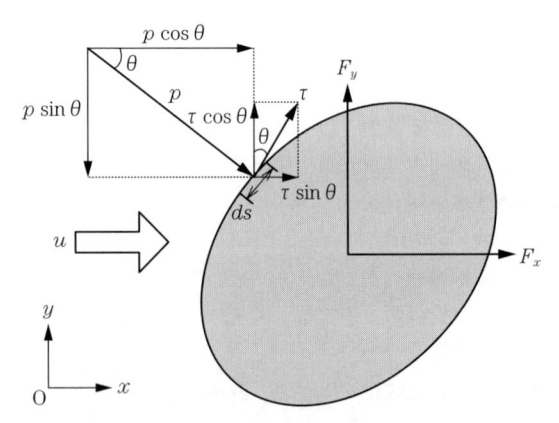

図 **7.1** 圧力とせん断力

波動場中において物体に働く力を**波力**（wave force），単位面積に作用する波力を**波圧**（wave pressure）という。

7.1.2 慣性力と付加質量

静水中を質量 M の物体が速度 u で動いているときの全エネルギー E は，以

下に示す物体の運動エネルギー E_s と物体の移動に伴う流体の運動エネルギー E_l の和で表される。

$$E_s = \frac{1}{2}Mu^2 \tag{7.3}$$

$$E_l = \iiint \frac{1}{2}\rho v^2 \, d\sigma \tag{7.4}$$

ここで，v は物体周辺における流体の流速，$d\sigma$ は微小要素の体積を表す。

したがって，全エネルギー E は次式となる。

$$\begin{aligned} E &= E_s + E_l \\ &= \frac{1}{2}(M+M')u^2 \end{aligned} \tag{7.5}$$

ここで，M' は次式で定義される。

$$M' = \frac{\iiint \rho v^2 d\sigma}{u^2}$$

式 (7.5) より，系全体としては，質量 $M+M'$ の物体が速度 u で動いているときと同じエネルギーになる。すなわち，物体が移動することにより周囲の流体が動かされ，見かけ上，物体が質量 M' だけ増加したことになる。この増加分の質量 M' を**付加質量**（added mass），あるいは**仮想質量**，**見かけの質量**と呼ぶ。

一例として，円柱に作用する力について説明する。まず，静止した完全流体中で，密度 ρ_r，半径 R の円柱を直立に保ちながら速度 u で移動させる場合を考える。このときの鉛直方向単位長さあたりの力は次式で表される[1]。

$$F = (M+M')\frac{du}{dt} \tag{7.6}$$

ここで，$M = \rho_r \pi R^2$ は鉛直方向単位長さあたりの円柱の質量である。

円柱の場合，付加質量 M' は $M' = \rho \pi R^2$ となり，付加質量は円柱の単位長さあたりの体積分の流体の質量に等しい。式 (7.6) で示す力は加速度に比例する力であり，これを**慣性力**（inertia force）という。物体が静止している状態，

あるいは等速運動をしている場合であっても物体周辺の流れが時間的に非定常であれば，相対的に加速度が発生するため，慣性力が物体に働く．

一方，一様流速 u の完全流体中に円柱を直立に設置した場合，円柱に作用する慣性力は以下のようになる[1]．

$$F = 2\rho\pi R^2 \frac{du}{dt} = 2\rho V \frac{du}{dt} \tag{7.7}$$

ここで，V は鉛直方向単位長さあたりの円柱の体積 πR^2 である．

上式の右辺の係数 2 は，付加質量として円柱と等しい体積分の水塊が作用していることを示す．この係数を**慣性力係数**（inertia coefficient）と呼ぶ．慣性力係数は物体の形状により異なることが知られ，円柱の場合には 2，球体の場合には 1.5 である．

円柱まわりでは，一般に，流体の粘性により渦の発生・剥離（はくり）などが生じるため，流体力が円柱に働くが，式 (7.7) からは，流れが定常の場合，$F = 0$ となり，円柱に流体力が作用しないことになる．この逆説を**ダランベールのパラドックス**（d'Alembert's paradox）という．

7.1.3 抗　　　力

図 7.2 に示すように流れの中に物体を置くと，その表面に沿った流れが形成される．流れが物体背後に回り込む際，物体から流れが剥離し，渦が発生する．それにより，物体の下流側の圧力が下がるため，物体の上流側と下流側に圧力差が生じ，物体には下流側への力が作用する．これを**抗力**（drag force）F_D と

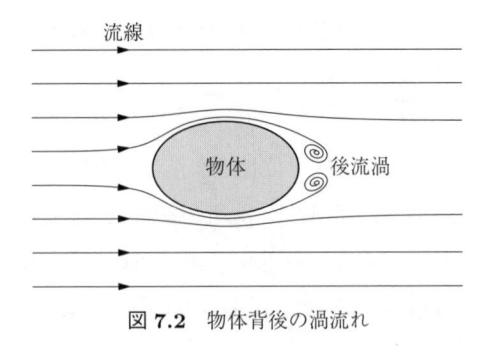

図 7.2　物体背後の渦流れ

いい，次式のように流速 u の2乗に比例する形で表現される．

$$F_D = C_D \left(\frac{1}{2}\rho u^2\right) A \tag{7.8}$$

ここで，C_D は**抗力係数**（drag coefficient），A は流れと直角の平面上に投影された物体の遮蔽面積である．

渦が大きくなると圧力が低下する領域は広がるため，抗力が大きくなる．抗力を小さくするためには，渦が可能な限り小さくなるように物体の形状を考える必要がある．

7.2　円柱構造物に作用する波力

円柱構造物は，波動場に大きな影響を与えない小口径円柱と，円柱の存在により波動場が大きく変化する大口径円柱に分類される．図 **7.3** に，円柱構造物に作用する波力の支配要因を示す．図の横軸は，構造物による波の回折現象を支配する円柱の直径 D と波長 L の比 D/L で，縦軸は，剥離流れを支配するパラメータの**クーリガン・カーペンター数**（Keulegan-Carpenter number, K.C. 数）である．K.C. 数は，水粒子運動の振幅と構造物の代表径の比として次式で

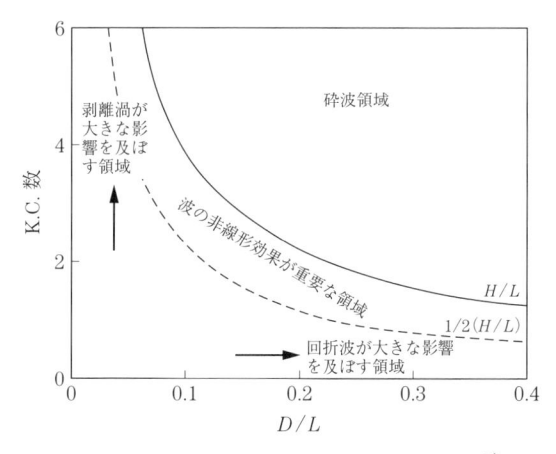

図 **7.3**　円柱構造物に作用する波力の支配要因[2)]

定義され，波高 H と円柱の直径 D の比 H/D に比例する．

$$\text{K.C.数} = \frac{uT}{D} \propto \frac{H}{D} \tag{7.9}$$

ここで，u は円柱まわりの流速，T は波の周期である．

図より，K.C. 数が大きい範囲では流れによる剥離渦が波力の発生機構に大きな影響を及ぼし，D/L が大きい範囲では構造物の存在によって発生する**回折波**（diffracted wave）がおもな支配要因となる．一般に，$D/L < 0.2$ の場合は円柱による波の変形を無視でき，$D/L > 0.2$ では波の変形を考慮する必要がある．以下で，小口径円柱と大口径円柱に作用する波力の算定方法について説明する．

7.2.1 小口径円柱に作用する波力とモリソン式

小口径円柱の場合，波浪変形の影響を無視することができ，円柱に作用する直方向力には抗力と慣性力が支配的となる．したがって，小口径円柱の波力 F は，抗力と慣性力の和として次式で表される[3]．

$$F = \frac{1}{2}\rho C_D A u|u| + \rho C_M V \frac{du}{dt} \tag{7.10}$$

ここで，A は円柱の流れ方向の投影面積，V は円柱の没水部分の体積，C_D は抗力係数，C_M は慣性力係数である．上式を**モリソン式**（Morison equation）という．

式 (7.10) を参考に，図 **7.4** に示す微小高さ dz に働く小口径円柱の波力 dF は次式で表される．

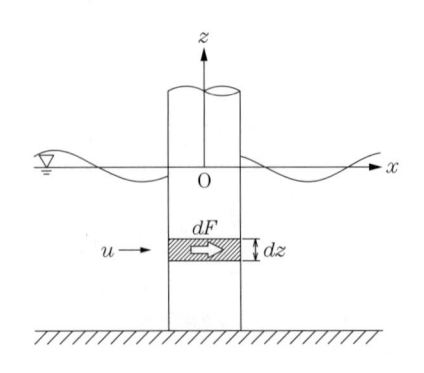

図 **7.4** 小口径円柱に作用する波力

7.2 円柱構造物に作用する波力

$$dF = \left(\frac{1}{2} \rho C_D D u |u| + \rho C_M \frac{\pi D^2}{4} \frac{du}{dt} \right) dz \tag{7.11}$$

微小振幅波の水平方向流速 u を表す式 (2.33) を上式に代入し，鉛直方向に $-h \leqq z \leqq 0$ の範囲で積分すると，次式が得られる[1]。

$$F = \rho g D^2 \frac{H}{2} \left\{ C_D \frac{4}{3\pi} \frac{H}{2D} \frac{1}{2} \left(1 + \frac{2kh}{\sinh 2kh} \right) \frac{kh}{\sinh 2kh} \right.$$
$$\left. \times \cos \sigma t |\cos \sigma t| - C_M \frac{\pi}{4} \tanh kh \sin \sigma t \right\} \tag{7.12}$$

上式の第1項と第2項の最大値の比をとると，つぎのようになる．

$$\frac{F_{D_{\max}}}{F_{I_{\max}}} = \frac{\dfrac{1}{8} \rho g C_D D H^2 \dfrac{kh}{\sinh 2kh} \left(1 + \dfrac{2kh}{\sinh 2kh} \right)}{C_M \rho g \dfrac{H}{2} \dfrac{\pi D^2}{4} \tanh kh} \tag{7.13}$$

抗力と慣性力が等しくなる条件（$F_{D_{\max}} = F_{I_{\max}}$）は，上式より，次式のようになる．

$$\frac{H}{D} = \frac{C_M}{C_D} \frac{2\pi}{kh} \frac{\sinh^2 kh}{1 + \dfrac{2kh}{\sinh 2kh}} \tag{7.14}$$

C_D=1.0, C_M=2.0 の場合の $F_{D_{\max}} = F_{I_{\max}}$ の曲線を図 **7.5** に示す．図で影をつけた部分が $F_{D_{\max}} > F_{I_{\max}}$，白色の部分が $F_{D_{\max}} < F_{I_{\max}}$ を示す．図よ

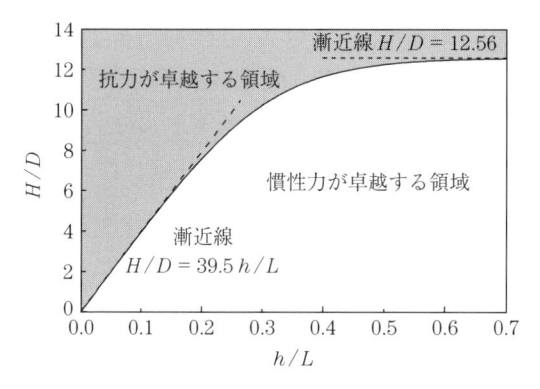

図 **7.5** 抗力と慣性力の卓越領域

り，水深波長比 h/L が小さく，K.C. 数に相当する H/D が大きくなると，抗力が卓越することがわかる．その逆の場合には慣性力の影響が大きくなる．

抗力係数 C_D と慣性力係数 C_M は，レイノルズ数や K.C. 数など波の特性に応じて変化し，物体の形状・表面粗度などによっても変化する．実務上，簡便さのため，円柱の場合には，$C_D = 1.0$，$C_M = 2.0$ の一定値が用いられる．本来，モリソン式は小口径円柱に対する波圧算定式であるが，円柱以外の構造物にも広く使用されている．

7.2.2 大口径円柱に作用する波力

構造物が大きくなると，構造物による波の変形や回折波の影響を考慮して，波力を算定する必要がある．そのためには，自由表面，底面，構造物表面，構造物から十分に離れた位置での境界条件を設定しなければいけない．

マッカミー（MacCamy）とフックス（Fuchs）[4] は，一様水深 h の水域に設置された半径 $R(=D/2)$ の大口径直立円柱に，波高 H，角周波数 σ の微小振幅波が入射した場合の速度ポテンシャル ϕ を，円筒座標系を用いて以下のように誘導した．

$$\phi = -\frac{igH}{2\sigma} \frac{\cosh k(h+z)}{\cosh kh} \sum_{m=0}^{\infty} (2-\delta_{0m}) i^m$$
$$\times \left\{ J_m(kr) - \frac{J'_m(kr)}{J_m(kr)} H_m^{(1)'}(kr) \right\} \cos m\theta \cdot e^{-i\sigma t} \tag{7.15}$$

ここで，J_m は m 次のベッセル関数，$H_m^{(1)}$ は m 次の第 1 種ハンケル関数，δ_{0m} はクロネッカーのデルタ，θ は円筒座標の角度，$'$ は r に関する微分を表す．

上式と式 (2.42) のベルヌーイ式より，円柱表面に作用する波圧 p は次式となる．

$$p = -\rho \frac{\partial \phi}{\partial t} - \rho g z \bigg|_{r=R} = \frac{\rho g H}{2} \frac{\cosh k(h+z)}{\cosh kh} \sum_{m=0}^{\infty} (2-\delta_{0m}) i^{m+1}$$
$$\times \frac{2}{\pi k R H_m^{(1)'}(kR)} \cos m\theta \cdot e^{-i\sigma t} \tag{7.16}$$

上式を水面下の円柱表面に対して面積分すると，次式に示す大口径円柱に作用する波力 F が得られる。

$$F = -\int_{-h}^{0}\int_{0}^{2\pi} pR\cos\theta \, d\theta \, dz = \frac{2\rho gH \tanh kh}{k^2 H_1^{(1)'}(kR)} e^{-i\sigma t} \tag{7.17}$$

式 (7.16), (7.17) には $kR\,(=\pi D/L)$ が含まれている。D/L は，7.2 節の冒頭で述べたとおり，波力，波の変形，構造物周辺の流速場などに大きな影響を与える重要なパラメータである。

7.3 直立堤に作用する波圧

沿岸構造物を設計する上では，波力だけでなく，構造物に作用する波圧分布を把握することが重要である。図 **7.6** のように，直立堤に作用する波圧は，入射波の特性に応じてさまざまな時間波形をとることが知られている。

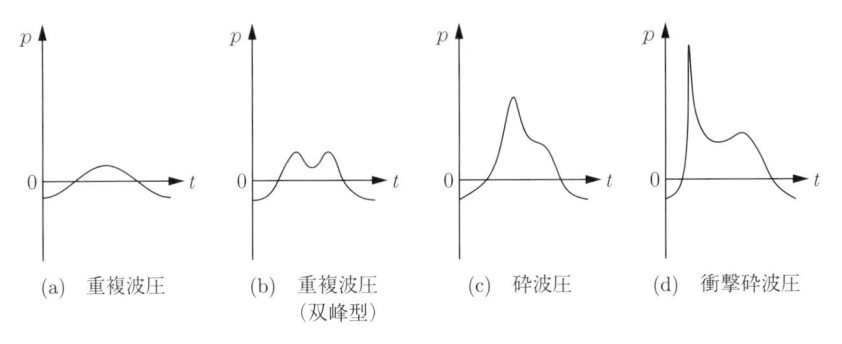

(a) 重複波圧　　(b) 重複波圧（双峰型）　　(c) 砕波圧　　(d) 衝撃砕波圧

図 **7.6** 波圧の時間波形

図 (a) は微小振幅波が入射した場合の波圧を表し，直立堤前面で形成される重複波の水位変動と同様，波圧は緩やかに変動する。波高がもう少し大きくなると，図 (b) に示すように，双峰型の波形が形成される。さらに入射波の波高が増大し，重複波の砕波限界を超えると，図 (c) に示すように，波圧の第 1 ピークが第 2 ピークより大きい非対称性の波形を有する砕波圧へと移行する。入射波の砕波限界も超えた波が直立堤に衝突すると，図 (d) に示すような急激な立上

りとそれに続く平坦な部分から成る衝撃砕波圧の波形を呈する。より大きな波高の波が入射した場合には，直立堤の沖側で砕波するため，波圧は小さくなる。

図 7.6(a)，(b) に示す重複波圧の場合には，微小振幅波あるいは有限振幅波の重複波理論に基づいて波圧を算定することができる。しかし，有限振幅重複波理論の場合，複雑な表記となるため，実務上，以下に述べる**サンフルー式**[5]（Sainflou formula）がよく用いられる。

直立堤前面部のみに入射波が作用し，直立堤背後には波が存在しないと仮定すると，直立堤に作用する圧力分布は図 7.7 のようになる。防波堤前面に働く圧力から背面に働く圧力の差をとると，直立堤に作用する波圧は図 7.8 のように分布する。図の H_i は入射波の波高であり，波の上下非対称性に起因するパ

(a) 波峰が作用した場合 　　(b) 波谷が作用した場合

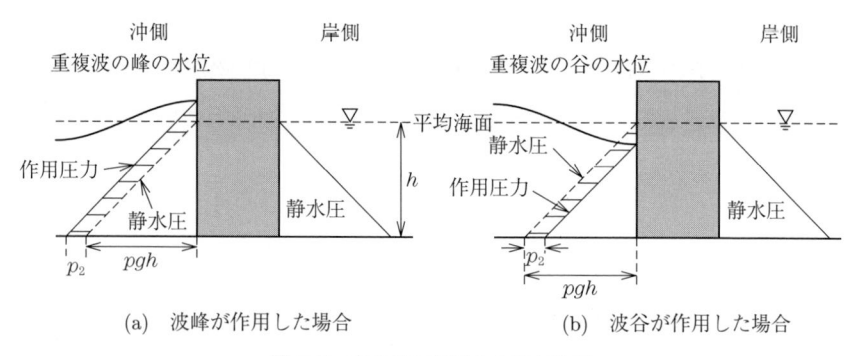

図 **7.7** 直立堤に作用する圧力分布

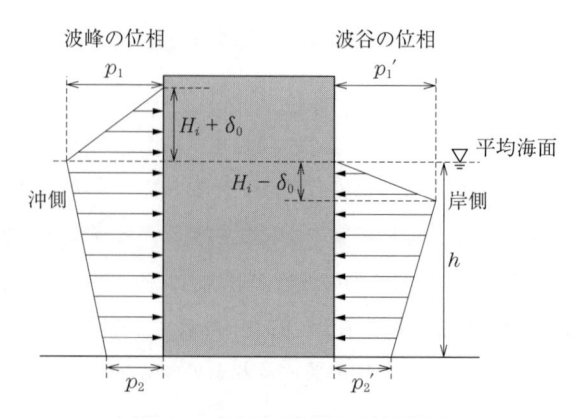

図 **7.8** 直立堤に作用する波圧分布

ラメータを示す δ_0,圧力 p_1, p_2, p'_1, p'_2 はそれぞれ以下の式で与えられる。

波峰が作用した場合:

$$p_1 = (p_2 + \rho g h)\left(\frac{H_i + \delta_0}{h + H_i + \delta_0}\right) \tag{7.18}$$

$$p_2 = \frac{\rho g H_i}{\cosh kh} \tag{7.19}$$

$$\delta_0 = \frac{\pi H_i^2}{L}\coth kh \tag{7.20}$$

波谷が作用した場合:

$$p'_1 = \rho g(H_i - \delta_0) \tag{7.21}$$

$$p'_2 = p_2 \tag{7.22}$$

揚圧力に関しては,$p_u = p_2 = \rho g H_i/\cosh kh$ で評価される。

サンフルー式は,構造物の反射率 K_R が1,つまり構造物前面で波が完全反射する場合を対象としているが,多くの構造物は反射率 K_R が1より小さく,構造物前面において部分重複波が発生する。そこで,反射率を考慮する場合には,完全重複波の波高 $H_i + H_r = 2H_i$(H_i は入射波の波高,H_r は反射波の波高)の代わりに,部分重複波の波高を $H_i + H_r = (1 + K_R)H_i$,静水面から波峰までの高さを $\{(1+K_R)H_i\}/2 + \delta_0$,静水面から波谷までの深さを $\{(1+K_R)H_i\}/2 - \delta_0$ とするミッシェ・ルンドグレン式[5](Miche-Rundgren wave pressure formula)が用いられる。

図 7.6(c), (d) に示す砕波圧と衝撃砕波圧については,瞬間的に増幅される波圧を精度よく算定することが重要である。しかし,現時点では理論的な展開が困難なため,水理模型実験や現地観測に基づく提案式を用いるのが一般的である。合田[6]は,構造物の下部が捨石堤(すていしてい)で,その上に直立堤が設置された**混成堤**(composite breakwater)について,微小振幅波から衝撃砕波までを対象とした水理実験を行い,図 **7.9** と以下に示す波圧算定式を提案した。これを**合田式**(Goda formula)という。

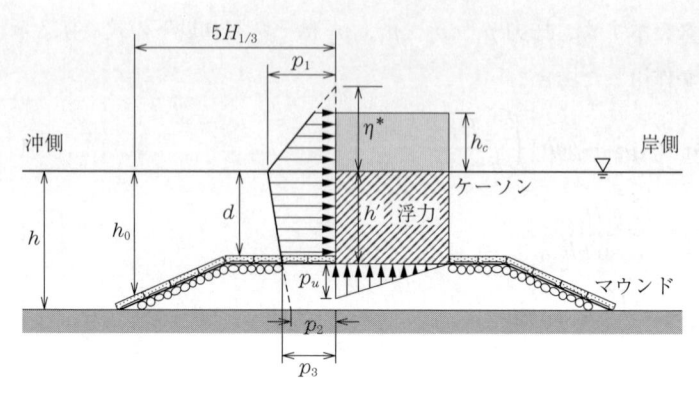

図 7.9 合田式における混成堤に作用する波圧分布

$$p_1 = \frac{1}{2}\left(1 + \cos\theta\right)\left(\alpha_1 + \alpha_2 \cos^2\theta\right)\rho g\, H_{\max} \tag{7.23}$$

$$p_2 = \frac{p_1}{\cosh kh} \tag{7.24}$$

$$p_3 = \alpha_3 p_1 \tag{7.25}$$

$$\alpha_1 = 0.6 + \frac{1}{2}\left(\frac{2kh}{\sinh 2kh}\right)^2 \tag{7.26}$$

$$\alpha_2 = \min\left\{\frac{h_0 - d}{3h_0}\left(\frac{H_{\max}}{d}\right)^2,\ \frac{2d}{H_{\max}}\right\} \tag{7.27}$$

$$\alpha_3 = 1 - \frac{h'}{h}\left(1 - \frac{1}{\cosh kh}\right) \tag{7.28}$$

ここで，$\min\{a,b\}$ は a，b のうち小さいほうの値，$H_{\max}$ は最高波高，θ は防波堤の垂線と波向きの成す角で，危険側に最大 $15°$ 振った角度，d はマウンド上の水深，h' は直立部底部から静水面までの高さ，h_0 は防波堤の壁面から $5H_{1/3}$ 沖側の地点における水深である．η^* は波圧の作用高，p_u は揚圧力であり，それぞれ以下の式で与えられる．

$$\eta^* = 0.75\left(1 + \cos\theta\right)H_{\max} \tag{7.29}$$

$$p_u = \frac{1}{2}\left(1 + \cos\theta\right)\alpha_1 \alpha_2 \rho g\, H_{\max} \tag{7.30}$$

> **コラム**
>
> **廣井式について**
>
> 現在, 直立堤に作用する波圧 p の算定にはサンフルー式や合田式が広く用いられているが, 1970年頃までは, 次式に示す**廣井式** (Hiroi formula) が一般的に用いられてきた[7]。
>
> $$p = 1.5\rho g H_i \quad （作用高は 1.25 H_i まで）$$
>
> なお, 揚圧力は $1.25\rho g H_i$ で評価される。
>
> この式を提案した廣井 勇は高知県出身の技術者で, 1897～1908年（明治30～41年）に行われた小樽築港第一期工事の陣頭指揮をとったことで知られている。当時の港湾整備は失敗が多く, 1892（明治25）年には英国人技師の指揮によって建設された横浜港で, コンクリートブロックが亀裂により大量に崩壊するという大事件が発生した。そこで廣井は, 欧米に留学した経験から, 世界の先端技術を結集してこの問題を克服しようとした。例えば, セメントに火山灰を混ぜて高強度にする手法や, ブロックを斜めに積み重ねるスローピングブロック（斜塊）工法など, さまざまな新技術を導入した。廣井式も, この工事において防波堤にかかる波力を算定するために提案された[8]。こうして完成した長さ1289mの小樽港北防波堤は日本初のコンクリート製防波堤であり, 100年以上経過した現在においても, 荒波に耐えてそのまま使われている。

7.4 斜面上における被覆材の安定性

沿岸域には, 円柱構造物や直立堤のような不透過構造物だけでなく, 捨石やブロックによって築造された**離岸堤**（detached breakwater）や**潜堤**（submerged breakwater）などの**捨石堤**（rubble mound breakwater）, 混成堤が多く建設されている。現在, 防波堤などの沿岸構造物を建設する際, 直立堤単体だけでなく, 防波堤の周囲に捨石やブロックなどの消波構造物を設置することが多い。消波根固ブロックは, 図**7.10**に例示するように, さまざまな形式が提案・開発されており, 波の打ち上げ高さや越波量を低減するだけでなく, 防波堤からの反射を軽減する機能を有している。そのため, 消波根固ブロックは防波堤の天端を低くする上で有効であり, 捨石やブロックなどの被覆材の安定性を検討す

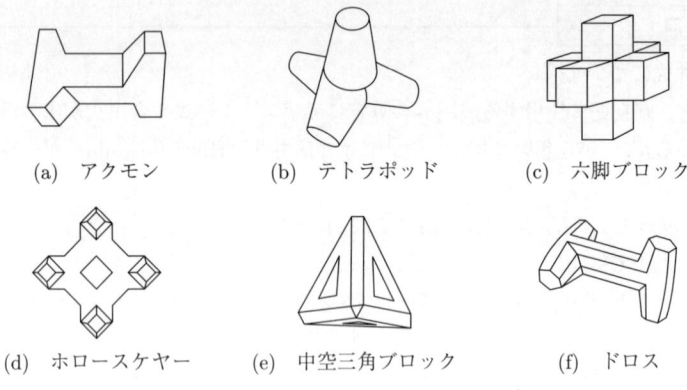

(a) アクモン　　(b) テトラポッド　　(c) 六脚ブロック

(d) ホロースケヤー　(e) 中空三角ブロック　(f) ドロス

図 **7.10**　代表的な消波根固ブロック[9]

ることは重要である。

図 **7.11** に示すように，斜面上に敷き並べられた物体を対象に，力のつり合いを考える。物体に働く波力としては，斜面に垂直な方向に働く揚力 P_L がある。P_L は，次式のように，流速 u の 2 乗および物体の断面積 A に比例する。

$$P_L = m' \rho A u^2 \tag{7.31}$$

ここで，m' は比例定数である。

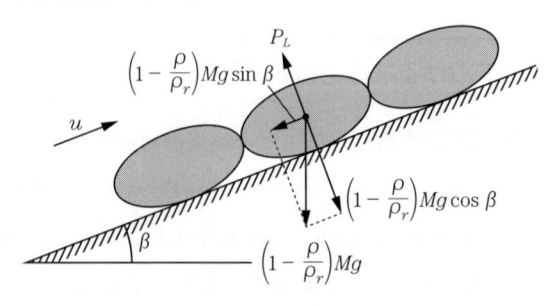

図 **7.11**　斜面上の物体に作用する力

流速 u は砕波点における水粒子速度 $u_b (= \sqrt{gh_b})$ (h_b は砕波水深) に，砕波直後の波高 H は砕波水深 h_b に比例すると仮定すると，$u \propto \sqrt{gH}$ の関係が成り立つ。物体の断面積 A は $(Mg/\rho_r g)^{2/3}$ (M：物体の質量，ρ_r：物体の密度) に比例すると考えると，式 (7.31) より，P_L は次式のようになる。

7.4 斜面上における被覆材の安定性

$$P_L = m\rho g H \left(\frac{M}{\rho_r}\right)^{\frac{2}{3}} \tag{7.32}$$

ここで，m は比例定数である。

物体に作用する力のつり合いを定式化すると，以下のようになる。

$$\left(1 - \frac{\rho}{\rho_r}\right) Mg \sin\beta = \mu \left\{\left(1 - \frac{\rho}{\rho_r}\right) Mg \cos\beta - P_L\right\} \tag{7.33}$$

ここで，μ は捨石間の摩擦係数，β は斜面の角度である。

M に関して上式を整理すると，**イリバレン式**[10]（Irribarren formula）と呼ばれる次式が得られる。

$$M = \frac{K\rho_r H^3}{\{(\rho_r/\rho) - 1\}^3 (\mu\cos\beta - \sin\beta)^3} \tag{7.34}$$

ここで，K は係数である。

ハドソン[11]（Hudson）は，上式を K と μ の係数を含まない次式に修正した。これを**ハドソン式**（Hudson formula）という。

$$M = \frac{\rho_r H^3}{K_D(\rho_r/\rho - 1)^3 \cot\beta} \tag{7.35}$$

ここで，K_D は定数で，**安定係数**（stability factor）と呼ばれる。

K_D は捨石やブロックの形状および並べ方，波で移動した捨石やブロックの数の全体の個数に対する割合を示す被害率によって値が異なる。ハドソン式は実務においてよく使用される。これまでに水理実験によって求められた K_D の値は表 **7.1** に示すとおりである。

表 **7.1** 安定係数 K_D の値[9]

名　称	K_D の値		層数	積方
	砕波	非砕波		
丸みのある石	2.5	2.6	2	乱積
テトラポッド	8.3	10.2	2	乱積
六脚ブロック	7.2	8.1	2	乱積
ホロースケヤー	13.6	—	—	整積

最近では，安定係数 K_D の代わりに，次式に示す**安定数** (stability number) N_s が用いられることが多い．

$$N_s = (K_D \cot \beta)^{\frac{1}{3}} \tag{7.36}$$

ブレブナー（Brebner）とドネリー（Donnelly）[12] は，上式の安定数 N_s を使って，ハドソン式（式 (7.35)）と類似した次式を提案した．

$$M = \frac{\rho_r H^3}{N_s^3 (\rho_r/\rho - 1)^3} \tag{7.37}$$

イスバッシュ[13],[14]（Isbash）は，波高を用いたハドソン式と異なり，次式に示すような，流速を用いた被覆材の安定質量 M の算定式を提案した．この算定式を**イスバッシュ式**（Isbash formula）という．

$$M = \frac{\pi \rho_r u^6}{48 g^3 y_d^6 (S_r - 1)^3 (\cos\beta - \sin\beta)^3} \tag{7.38}$$

ここで，u は被覆材上の流速，S_r $(= \rho_r/\rho)$ は被覆材の水に対する比重，β は斜面の傾斜角である．y_d はイスバッシュ定数で，被覆材が露出せず埋め込まれている場合は 1.20，露出している場合は 0.86 の値が一般的に使われている．

7.5　波の打ち上げと越波

沿岸構造物に波が入射すると，構造物表面を駆け上がる．これを**波の打ち上げ**（wave runup）といい，静水面から打ち上げの最高水位までの鉛直距離を**打ち上げ高さ**（runup height）と定義する．打ち上げ高さは，海底地形，構造物の形状・材質に加え，入射波の波高，周期，砕波点の位置などにより大きく変化する．これらすべてを考慮して理論的に打ち上げ高さを求めることは困難であるため，これまでさまざまな水理模型実験が行われ，その算定式が提案されている．

構造物の断面形状が複雑な場合には，サビル[15]（Saville）が提案した**仮想勾配法**（virtual slope method）が用いられる．図 **7.12** に示すように，仮想勾配

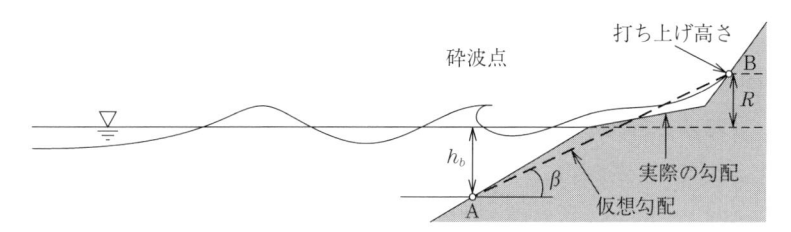

図 **7.12** 仮想勾配法による打ち上げ高さの算定

法では，まず入射波条件と海底地形から砕波点（A 地点）を求める．つぎに，打ち上げ高さ R を予想し，予想打ち上げ地点（B 地点）を決める．A 地点と B 地点を直線で結ぶことにより，直線と水平面の角度 β が得られる．その β を用いて図 **7.13** に示す打ち上げ高さの算定図から打ち上げ高さ R を算定する．この R が先に予想した打ち上げ高さに一致するまで繰り返す．一般に，法面勾配が小さくなると，つまり $\cot\beta$ が大きくなると，打ち上げ高さが急激に低下するので，仮想勾配法の適用範囲は $\cot\beta < 30$ といわれている．また，式 (3.37) に示す砕波帯相似パラメータ ξ が $2 < \xi < 3$ のとき，斜面上で共振が発生し，打ち上げ高さがより大きくなることが報告されている[16]．

波の打ち上げが構造物の天端高を超えるような状態になると，その影響が構造物背後まで及ぶことになる．このような状態を**越波**（wave overtopping）と

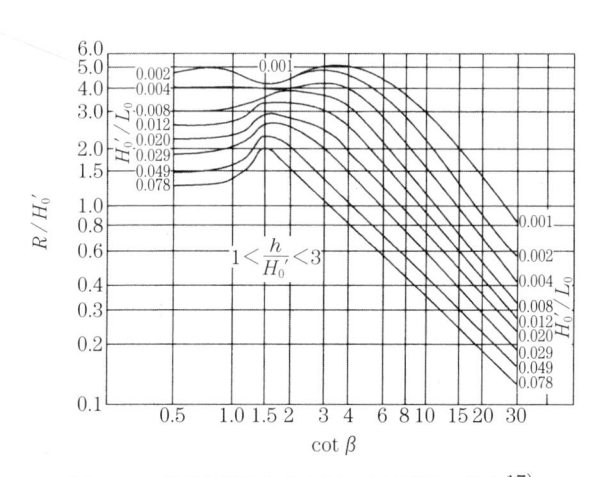

図 **7.13** 仮想勾配法による打ち上げ高さの算定[17]

いう。構造物を越波する単位幅の水量 Q [m³/m]を**越波量**（wave overtopping quantity），単位時間あたりの越波量 q [m³/m/s]を**越波流量**（wave overtopping rate）と呼ぶ。越波が生じないように構造物の天端高を決定する必要がある。しかし，地形・波浪条件によっては，天端高を非常に高く設定しなければならないことがある。このような場合には，ある程度の越波を許容して構造物の設計を検討する必要がある。許容できる程度の越波流量を**許容越波流量**（allowable wave overtopping rate）という。沿岸構造物の天端高や構造形式などは，背後地の利用状況，排水能力などから提案されている許容越波流量を参考に総合的に判断して，決定される。**表 7.2** に，合田[18]が既往の被災事例に基づいて提案した被災限界の越波流量を示す。

表 7.2 被災限界の越波流量[18]

種別	被覆工	越波流量 [m³/m/s]
堤防	天端・裏法面とも被覆工なし 天端被覆工あり，裏法面被覆工なし 三面巻き構造	0.005 以下 0.02 0.05
護岸	天端被覆工なし 天端被覆工あり	0.05 0.2

合田[18]は，不規則波に対する平均越波流量 $q_{\exp}$ を次式で表すことができると提案した。

$$q_{\exp} = \int_0^\infty q_0(H\,|\,T_{1/3}) \cdot p(H)\,dH \tag{7.39}$$

ここで，$q_0(H\,|\,T_{1/3})$ は有義波周期 $T_{1/3}$ に対する波高 H の規則波による越波流量，$p(H)$ は波高 H の確率密度関数であり，$p(H)$ には一般にレイリー分布が適用される。$q_{\exp}$ を**期待越波流量**（expected overtopping rate）という。

合田ら[19]は，水理模型実験に基づき，**図 7.14** に示すような不規則波に対する越波流量の推定図を作成した。護岸前面の水深 h，沖波の波長 L_0 と換算沖波波高 H_0'，護岸の天端高 h_c が与えられれば，対応する (a) か (b) の期待越波

(a) 直立護岸

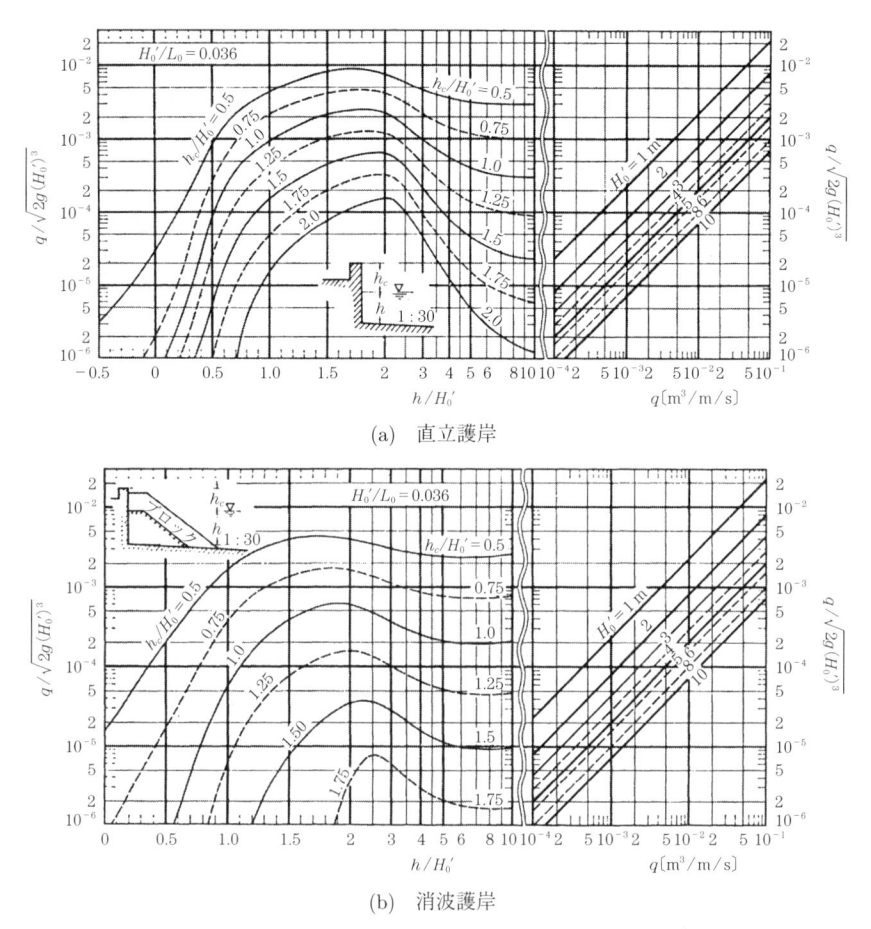

(b) 消波護岸

図 **7.14** 越波流量の推定図（海底勾配 1/30 の場合）[19]

流量の推定図を選び，その推定図の横軸 h/H_0' と曲線 h_c/H_0' の交点の縦軸の値を読み取ることによって，越波流量 q を求めることができる．

演 習 問 題

〔**7.1**〕 水深 6 m の海域に設置された直径 15 cm の杭に，波高 2 m，周期 6 s の波が入射したとき，杭に働く抗力と慣性力それぞれの最大値を求めよ．ただし，抗力係

数 C_D, 慣性力係数 C_M はそれぞれ 1.0, 2.0 とする.

〔**7.2**〕 合田式を用いて，図 7.8 に示した断面形状の防波堤に作用する波圧，水平波圧合力 P，堤体下端まわりの波力モーメント M_P，揚圧力の合力 U，堤体後趾まわりのモーメント M_U を求めよ．ただし，防波堤の設置条件は，水深 $h = 10\,\mathrm{m}$，マウンドの高さ $4.5\,\mathrm{m}$，直立堤底部から静水面までの高さ $7\,\mathrm{m}$，水面上の堤体の高さ $h_c = 3.5\,\mathrm{m}$，防波堤から $5\,H_{1/3}$ 沖側の地点の水深 $h_0 = 9.2\,\mathrm{m}$，堤体の岸沖方向の幅 $15\,\mathrm{m}$ とする．波浪条件は，最高波高 $H_{\max} = 10\,\mathrm{m}$，有義波高 $H_{1/3} = 5.8\,\mathrm{m}$，有義波周期 $T_{1/3} = 12\,\mathrm{s}$ とし，堤体に対して $15°$ の角度で伝播するものとする．

〔**7.3**〕 ハドソン式（式 (7.35)）を用いて，傾斜角度 $30°$ の斜面上に存在する捨石および消波ブロックの安定重量を求めよ．ただし，波高は $3.0\,\mathrm{m}$，捨石および消波ブロックの密度はそれぞれ $2\,600\,\mathrm{kg/m^3}$，$2\,300\,\mathrm{kg/m^3}$，安定係数 K_D はそれぞれ 2.5，8.3 とする．

8章 漂砂と海浜変形

◆本章のテーマ

海浜(かいひん)変形や海岸侵食を考える上では，海浜流のみならず，沿岸域における底質あるいはその移動現象である漂砂を知ることが重要である．近年では，沿岸生態系の保全・創造を目的に人工干潟の造成などの事業が行われ，漂砂は沿岸環境面においても大きな役割を果たしている．本章では，代表的な海浜形状，漂砂の基本特性と海浜変形について解説する．

◆本章の構成（キーワード）

8.1 海浜形状
　　砂州(さす)，トンボロ，砂嘴(さし)，カスプ，平衡断面，沿岸砂州
8.2 漂　砂
　　底質の移動限界，シールズ数，掃流漂砂，浮遊漂砂，沿岸漂砂，岸沖(きしおき)漂砂
8.3 海浜変形予測モデル
　　海岸線変化モデル，海浜変形モデル

◆本章を学ぶと以下の内容をマスターできます

☞ 海浜の平面・断面形状
☞ 底質の移動限界と漂砂形態
☞ 沿岸漂砂と岸沖漂砂
☞ 海岸線変化モデルと海浜変形モデルの考え方

8.1　海浜形状

　河川から海岸への土砂供給と沖への土砂流出がつり合うことによって，動的に安定した海浜が形成される。しかし，河川環境の変化や沿岸構造物の設置により，わが国の海浜は侵食傾向にある。海岸侵食の原因や沿岸域の環境・生態系を考える上で，海浜形状の特性を理解することは重要である。以下に，代表的な海浜の平面・断面形状について説明する。

8.1.1　海浜の平面形状

　沖合から浅海域へ伝播する波は，海底地形の影響により，浅水変形，屈折，砕波などを伴いながら変化する。構造物，島，岬などの背後では，波の回折が発生する。このように，海底地形と海岸線によって波の性質が多様に変化し，底質にかかる外力も場所によって異なることから，さまざまな形状の海浜が形成される。

　図 **8.1** に，代表的な海浜の平面形状を示す。**砂州**（sand bar）は，汀線に平行に伸びた堆積地形である。河口で発達した砂州を**河口砂州**（river-mouth bar）といい，河口が閉塞すると洪水の危険性が高くなる。湾口で砂州が発達すると，

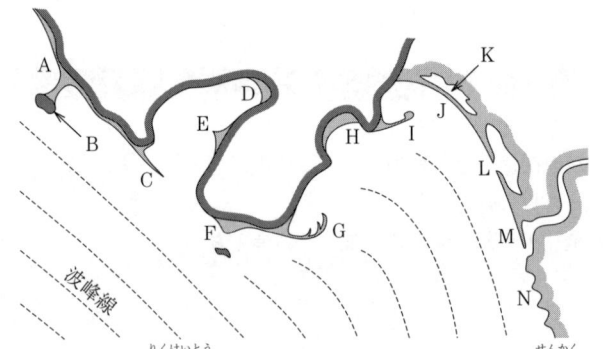

A：トンボロ，B：陸繋島，C：単純砂嘴，D：湾頭海浜，E：尖角岬，
F：舌状砂州，G：複合砂嘴，H：ポケットビーチ，I：鉤状砂嘴，
J：バリア，K：潟湖，L：二重砂州，M：河口砂州，N：カスプ

図 **8.1**　代表的な海浜の平面形状

湾口部が閉塞して外海と隔てられ，**潟湖**（lagoon）と呼ばれる地形が形成される。陸に近い島の背後では，島の両側からの回折波の影響により，砂が堆積しやすい。その結果，陸側から伸びるように**舌状砂州**（cuspate spit）が形成される。さらに発達すると，島とつながって**トンボロ**（tombolo）となる。この島を**陸繋島**（land-tied island）という。**砂嘴**（sand spit）は，沿岸漂砂の作用によって，陸地から一方向に伸びた地形である。岬と岬の間に形成される漂砂が動的に安定した弧状の砂浜海岸を**ポケットビーチ**（pocket beach）と呼ぶ。汀線が弧状あるいは波状の地形を成すことがある。これを**カスプ**（cusp）という。カスプには，波長が数十センチメートル〜数十メートルの波状地形を呈する浜カスプから数百メートルの弧状汀線が形成される大規模カスプまである。

8.1.2　海浜の岸沖方向の断面形状

図 **8.2** に，海浜の岸沖方向の代表的な断面形状を示す。断面形状は，波・流れの外力，海底の初期勾配，底質の粒径などの沿岸域の諸特性によって変化する。そのため，すべての海浜の断面形状が図のようになることはない。

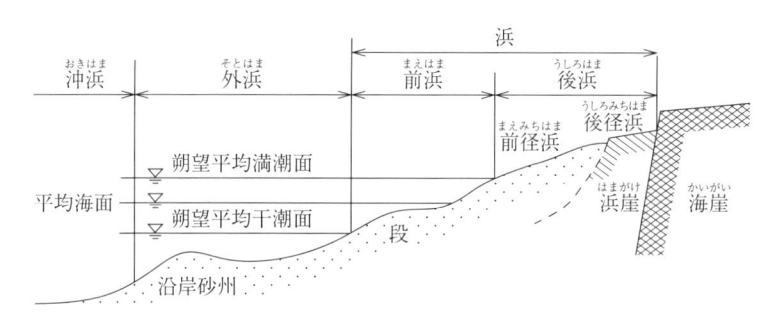

図 **8.2**　代表的な海浜の岸沖断面形状[1]

一様な勾配の海浜に規則波が入射し続けると，やがてある断面形状に漸近する。これを**平衡断面**（equilibrium beach profile）と呼ぶ。実際の海岸では，波が不規則であり，潮汐の影響など多くの要因が作用するため，平衡断面は形成されにくい。しかしながら，季節ごとに類似した断面形状となることが多く，侵

食や堆積の原因を考える上で平衡断面を知ることは重要である．図 **8.3** に示すように，侵食や堆積に着目して，海浜の断面形状を以下のとおり分類することができる．

- 侵食型（I 型）： 汀線が後退し，沖に砂が堆積する断面形状．
- 中間型（II 型）： 汀線より岸側に砂が堆積し，沖でも堆積するが，その間で侵食される断面形状．
- 堆積型（III 型）： 汀線が前進し，沖に砂が堆積しない断面形状．

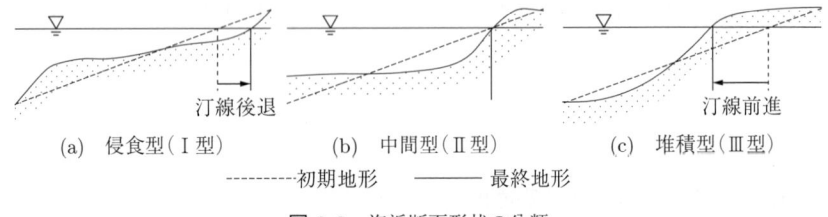

(a) 侵食型（I 型）　　(b) 中間型（II 型）　　(c) 堆積型（III 型）

-------- 初期地形　　——— 最終地形

図 **8.3**　海浜断面形状の分類

暴浪時に侵食された砂が一時的に堆積する砂州を，**沿岸砂州**（longshore bar，図 8.2 参照）と呼ぶ．平時の波では，沿岸砂州から海浜に砂が運ばれ，元の形状に戻ることから，沿岸砂州を有する海岸は動的に安定した状態にあるといえる．

コラム

海岸浸食？　それとも，海岸侵食？

「海岸浸食」と「海岸侵食」のどちらを沿岸域工学の分野で用いているのだろうか？

まず，浸食と侵食の違いについて考える．浸食は，水がしみ込んで地表の岩石や土壌などが削られるときに用いられる．つまり，「浸」は，浸出，浸入，浸透，浸水など水や液体がしみ込むという意味合いがある．一方，侵食は，水や風などの外力により岩石や地層が削られることを意味する．特に「侵」の部首には，にんべんがあるので，侵害，侵入など人が侵すことに使われる．

では，海岸「しんしょく」はどちらだろうか？　ダムの建設に伴う河川から海岸への土砂供給の減少，港湾や沿岸構造物の建設による底質移動の連続性の分断など，おもに人間活動により海岸線が後退していることから，沿岸域工学の分野では「侵食」が用いられている．

上記の侵食・堆積に着目した分類とは別に，沿岸砂州の有無によって断面形状を分類することができる。沿岸砂州があるバー型海浜は，波の荒い時期に出現することから，暴風海浜，冬型海浜と呼ばれる。波が小さいときには，沿岸砂州が消滅してステップ状になることからステップ型海浜といい，正常海浜，夏型海浜とも呼ばれる。

8.2 漂　　　砂

波・流れによって砂や礫のような底質が移動する現象を**漂砂**（sediment transport）と呼ぶ。移動する底質そのものを漂砂ということもある。以下に，底質の移動限界，漂砂形態および漂砂量の算定について説明する。

8.2.1 底質の移動限界

底質が動き始める限界である**移動限界**（limit of sediment movement）を把握することは，漂砂の発生原因や漂砂と構造物の関係などを検討する上で必要不可欠である。移動限界は，図 **8.4** に示すように，底質の移動の程度によって，以下の四つに分類される。

- **初期移動限界**：表面から突出したいくつかの粒子が移動し始める限界。
- **全面移動限界**：表層の第 1 層の粒子がほぼすべて移動する限界。
- **表層移動限界**：表層の砂が波の方向に集団で移動する限界。
- **完全移動限界**：水深が明確に変化するほど顕著に移動する限界。

上記の移動限界のうち，力学的に取り扱うことができるのは，初期移動限界である。漂砂に関連した重要なパラメータとして，底質の移動のしやすさを表

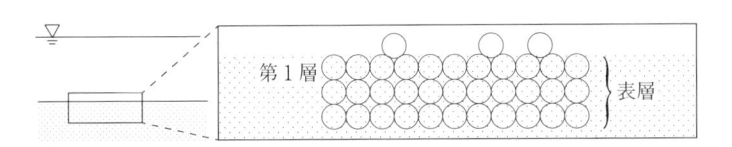

図 **8.4**　表層部における底質

す無次元量の**シールズ数**（Shields number）ψ_s がある．シールズ数は，波による底面せん断力 F_d と底質の重量による抵抗力 F_r の比として定義される．

底面せん断応力を τ，底面摩擦速度を u_* とすると，粒径 d の砂粒子の表面に作用するせん断力 F_d は以下のようになる．

$$F_d = \tau \pi \left(\frac{d}{2}\right)^2 = \rho u_*^2 \pi \left(\frac{d}{2}\right)^2 \tag{8.1}$$

ここで，τ，u_* はそれぞれ，海底面の境界層外縁における水粒子速度を u_b，底面摩擦係数を f_w として，次式で定義される．

$$\tau = \frac{1}{2} \rho f_w u_b^2 \tag{8.2}$$

$$u_* = \sqrt{\frac{\tau}{\rho}} = \sqrt{\frac{f_w}{2}} u_b \tag{8.3}$$

一方，海底面にある砂粒子の抵抗力 F_r は，砂の内部摩擦角を φ とすると，次式で表される．

$$F_r = (\rho_s - \rho) g \left\{ \frac{4}{3} \pi \left(\frac{d}{2}\right)^3 \right\} \tan \varphi \tag{8.4}$$

ここで，ρ_s は砂粒子の密度である．

シールズ数 ψ_s は，F_d/F_r に比例する無次元量として次式のように定義される．

$$\psi_s = \frac{u_*^2}{(\rho_s/\rho - 1) g d} \propto \frac{F_d}{F_r} \tag{8.5}$$

定常流において，底質の移動限界はシールズ数とレイノルズ数に依存することが知られている．工学的な観点からは，入射波・底質の特性と底質の移動限界を関連づけると理解しやすいことから，粒径 d の底質に対する移動限界水深 h_{cr} の一般形は次式で表される．

$$\left(\frac{H_{cr}}{H_0}\right)^{-1} \sinh \frac{2\pi h_{cr}}{L_{cr}} = A \left(\frac{H_0}{L_0}\right) \left(\frac{L_0}{d}\right)^m \tag{8.6}$$

ここで，H_0 と L_0 はそれぞれ沖波の波高と波長，H_{cr} と L_{cr} はそれぞれ水深 h_{cr} における波高と波長，A と m は，**表 8.1** に示すような，実験や現地観測などによって決まる値である．

8.2 漂　　砂

表 8.1　移動限界に関する定数

移動限界	A	m
初期移動限界[2]	5.850	1/4
全面移動限界[3]	1.770	1/3
表層移動限界[3]	0.741	1/3
完全移動限界[4]	0.417	1/3

8.2.2　漂　砂　形　態

漂砂形態，つまり底質の運動は，図 8.5 に示すように，水粒子の運動によって複雑に変化する．水深が比較的深く，底質の動きが小さい場所では，底質は海底面上を転がるように往復運動する．このような漂砂形態を**掃流漂砂**（bed load transport）という．

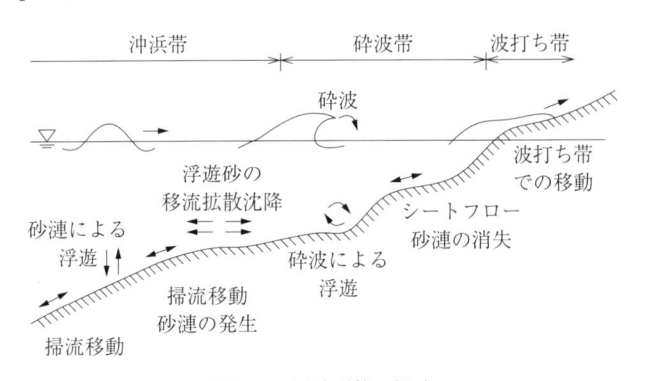

図 8.5　漂砂形態の概略

水深が浅くなると，底質の動きも活発化し，**砂漣**（されん）（sand ripple）と呼ばれる波状地形が形成される．砂漣ができると，砂漣上で底質が舞い上がって水中を浮遊し始める．波によって底質が舞い上げられ，その状態で移動する形態を**浮遊漂砂**（suspended load transport）という．この場合には，底質が海底面上を飛び跳ねながら移動する**躍動漂砂**（saltation load transport）も発生する．

水深がさらに浅くなると波が砕け，非常に強い岸向きの流れが生じる．これが底質に作用することで砂が舞い上げられ，浮遊漂砂が活発になる．砕波帯よりも少し浅いところでは，強い浮遊漂砂が生じない代わりに，底面の表層全体

が大きく往復運動をし，高濃度の底質が移動する**シートフロー**（sheet flow）と呼ばれる漂砂形態が見られる。

　岸側の波打ち帯では，波による往復運動のほかに沿岸方向の流れも加わるため，底質は波の遡上時において波の進行方向に対し斜めに移動し，流下時にはほぼ直下に運ばれる鋸（のこぎり）の歯のような運動をする。

　このように，水深によって底質はさまざまな漂砂形態を見せるため，海浜断面は複雑な形状となる。

8.2.3　漂砂量の算定

　漂砂は，底質が岸に平行に移動する**沿岸漂砂**（longshore sediment transport）と岸沖方向に移動する**岸沖漂砂**（cross-shore sediment transport）の二つに分類される。沿岸漂砂はおもに汀線の前進・後退に，岸沖漂砂はおもに海浜断面の変化に大きな影響を与える。漂砂量に関する研究では，沿岸漂砂と岸沖漂砂に対して数多くの検討が行われている。基本的な考え方として，輸送される波エネルギーと漂砂量を関連づける**パワーモデル**（power model）と，浮遊砂濃度を用いたモデルに分けられる。一般的にはパワーモデルが使われることが多いので，ここでは，パワーモデルに基づく漂砂量の算定方法について概説する。

〔1〕**沿岸漂砂量**　コールドウェル[5]（Caldwell）は，沿岸方向（y方向）の体積漂砂量Q_yと波エネルギーの輸送量W_yを関連づけた次式を提案した。

$$Q_y = KW_y^n \tag{8.7}$$

$$W_y = (EC_g)_b \sin\theta_b \cos\theta_b \fallingdotseq \frac{1}{16}\rho g H_b^2 \sqrt{gh_b}\sin 2\theta_b \tag{8.8}$$

ここで，下付き文字bは砕波点を示す。Kとnは沿岸特性に依存する定数で，Kは，Q_yとW_yをそれぞれ[m³/s]，[kg·m/s³]の次元で表現したとき，0.01〜0.6 m²·s²/kgの有次元量となる。nは一般に1とすることが多い。

　インマン（Inman）とバグノルド（Bagnold）[6]は，沿岸方向の砕波のエネルギーフラックス$(EC_g)_b \cos\theta_b$の一部が漂砂移動により消費されると仮定し，定

数 K が無次元となるように,重量表示の沿岸漂砂量 I_y の次式を提案した.

$$I_y = 0.28\,(EC_g)_b \cos\theta_b \frac{V}{u_{wbm}} \tag{8.9}$$

ここで,V は平均沿岸流速,u_{wbm} は砕波点の最大水粒子速度である.

ロンゲットヒギンズ[7]が誘導した砕波点の沿岸流速式(式 (6.21))の V,式 (6.20) の u_{wbm} を上式に代入して整理すると,次式が得られる.

$$I_y = 0.55\,\frac{\tan\beta}{f_w}\,(EC_g)_b \sin\theta_b \cos\theta_b \tag{8.10}$$

ここで,$\tan\beta$ は海底勾配,f_w は摩擦係数である.

体積表示の漂砂量 Q_y と重量表示の漂砂量 I_y には,次式の関係が成立する.

$$Q_y = \frac{I_y}{(\rho_s - \rho)g} \tag{8.11}$$

式 (8.10) の $\tan\beta/f_w$ が一定であると仮定すると,コマー[8](Komar)によって提案された次式となる.

$$I_y = 0.77\,(EC_g)_b \sin\theta_b \cos\theta_b \tag{8.12}$$

上式では,砕波点の波高の二乗平均平方根 $H_{\rm rms}$ を用いているので係数が 0.77 となっているが,有義波高を用いる場合は $H_{1/3} = 1.41\,H_{\rm rms}$ の関係から係数を変更する必要がある.

式 (8.11) より,式 (8.12) を体積表示の Q_y に変換すると,わが国でよく使用される次式が得られる.

$$Q_y = KW_y, \qquad W_y = (EC_g)_b \sin\theta_b \cos\theta_b \tag{8.13}$$

ここで,K はサベージ[9](Savage)の場合に 0.217 であり,井島ら[10]の場合は 0.06 となる.

一般に,沿岸構造物が少ない単調な海岸では,沿岸漂砂量を式 (8.13) で適切に評価できるが,構造物周辺では,沿岸方向に波高と流速が変化することから漂砂量の式を修正する必要がある.小笹とブランプトン(Brampton)[11]は,沿岸方向の波高分布を考慮した沿岸漂砂量として,次式を提案している.

$$Q_y = \frac{(EC_g)_b}{(\rho_s - \rho)g} \left(K_1 \sin\theta_b \cos\theta_b - \frac{K_2}{\tan\beta} \cos\theta_b \frac{\partial H_b}{\partial y} \right) \qquad (8.14)$$

ここで，K_1, K_2 はともに係数である．

〔2〕 **岸沖漂砂量** マドセン (Madsen) とグラント (Grant)[12] は，掃流状態の岸沖漂砂量について，一方向流れの掃流漂砂量の式と既往の実験データから振動流の無次元漂砂量 $\overline{\phi}$ を次式のように提案した．

$$\overline{\phi} = \frac{I_x}{w_s d} = 12.5 \psi_s^3 \qquad (8.15)$$

ここで，I_x は波の半周期間における体積表示の岸沖漂砂量，w_s は沈降速度，ψ_s は式 (8.5) に示すシールズ数である．

最近では，混合粒径砂礫から成る海浜の分級に着目し，粒径分布に着目した漂砂量の式も提案されている[13]．

8.3 海浜変形予測モデル

8.1 節のように，海岸線では底質が波や流れの作用を受けて運動しながら，平衡な海浜形状を維持している．しかし，なんらかの要因によって底質の供給と流出の平衡が崩れると，海浜地形は新たな平衡状態へと変化し始める．これを，**海浜変形** (beach deformation) という．底質の流入に比べて流出が卓越するような状況になると，海岸侵食が進む．海岸侵食対策のためには，海岸線や海浜地形の変化を予測する必要がある．平面的な海浜変形の予測モデルは，以下に示すように，海岸線変化モデルと海浜変形モデルに大別される．

8.3.1 海岸線変化モデル

海岸線変化モデルは，汀線のみの変化を予測する 1-line モデル[14]（汀線変化モデル）と，汀線と複数の等深線の変化を予測する n-line モデル[15]（等深線変化モデル）に分けられる．

1-line モデルでは，沖側の移動限界水深以浅において，移動厚さ D_s を有す

る範囲で漂砂が生じ，汀線は沿岸漂砂量の収支が正であれば前進し，負であれば後退する．1-lineモデルは，計算負荷が小さいため，広範囲で長期にわたる海岸線の概括的な変化の予測に広く使用されている．しかし，海浜断面は変形せずに平行移動すると仮定しているため，海底地形の断面変化を扱うことができない．

岸沖方向にx軸（沖向きを正）を，沿岸方向にy軸（沖に向かって右を正）をとり，汀線の位置を$x = x_s$とすると，図**8.6**に示すように，基礎方程式は底質の連続式として以下のように表される．

$$\frac{\partial x_s}{\partial t} + \frac{1}{D_s}\left(\frac{\partial Q_y}{\partial y} - q_i\right) = 0 \tag{8.16}$$

ここで，D_sは漂砂移動高，Q_yは沿岸漂砂量，q_iは岸沖方向の土砂流入量である．q_iには，岸沖方向の漂砂量q_0だけでなく，河川からの土砂供給量q_sなども算入される（$q_i = q_0 + q_s$）．

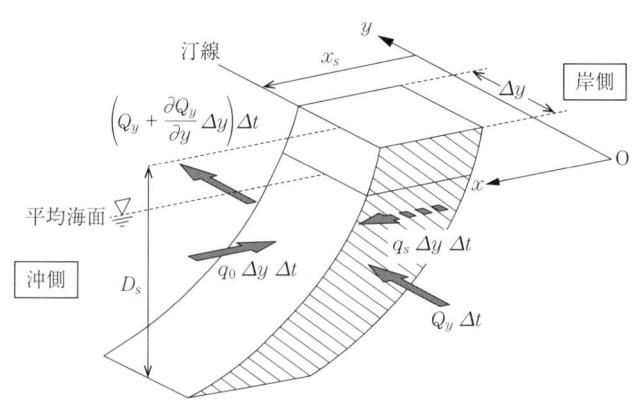

図 **8.6** 1-lineモデルの概念[16]

1-lineモデルによる具体的な計算方法はつぎのとおりである．まず，波向線法，エネルギー平衡方程式，緩勾配方程式，ブシネスク方程式などを用いて波動場の計算を行い[17]，得られた波浪特性から，式(8.13)，(8.14)などを用いて沿岸漂砂量を求める．つぎに，式(8.16)から新たな汀線を計算する．これを繰り返すことにより，時々刻々と変化する汀線を評価することができる．

n-line モデルは，沿岸漂砂量の岸沖方向分布を考慮できるように，1-line モデルを等深線ごとの変化予測に拡張したモデルである．基礎方程式は，式 (8.16) を各等深線ごとに適用し，等深線間の水深 h_s を D_s の代わりに使用し，沿岸漂砂量 Q_y や岸沖方向の土砂流入量 q_i も各等深線間の値に置き換えたものである．

8.3.2 海浜変形モデル

海浜変形モデルは，おもに①波動場，②海浜流場，③地形変化に対する三つの計算モデルで構成されている．波動場の計算では，海域のみならず遡上域までを対象に計算する必要がある．波動場を計算した後，ラディエーション応力を外力とする平均流の式を用いて，海浜流場を計算する．その結果，波と海浜流を外力とした漂砂量を求めることができる．漂砂量 $\vec{q}$ の算定式には，次式に示す渡辺ら[18]が提案した式が使われることが多い．

$$\vec{q} = \vec{q_c} + \vec{q_w} = (q_x, q_y) \tag{8.17}$$

$$\vec{q_c} = A_c \frac{(\tau_m - \tau_c)\vec{u_c}}{\rho g} \tag{8.18}$$

$$\vec{q_w} = A_w F_D \frac{(\tau_m - \tau_c)\vec{u_w}}{\rho g} \tag{8.19}$$

ここで，$\vec{q_c}$ は流れによる漂砂量，$\vec{q_w}$ は波による漂砂量，q_x, q_y はそれぞれ x, y 方向の漂砂量，τ_m は波と流れの共存場における底面せん断応力の最大値，τ_c は移動限界せん断応力，$\vec{u_c}$ は平均流速，$\vec{u_w}$ は波の底面流速，A_c と A_w は係数，F_D は漂砂方向を示す係数である．

式 (8.17)〜(8.19) を次式に示す基礎方程式に代入することにより，各地点における水深 h の変化を評価することができる．

$$\frac{\partial h}{\partial t} = \frac{1}{1-\lambda}\left(\frac{\partial q_x}{\partial x} + \frac{\partial q_y}{\partial y}\right) \tag{8.20}$$

ここで，λ は底質の空隙率である．

海浜変形モデルは，実用的にも十分な精度を有していることがこれまでの研

究で確認されている。しかし，計算負荷が大きいため，広範囲かつ長期的な海浜変形の予測・評価にはまだ至っていない。

演習問題

[**8.1**] 平均粒径 0.15 mm の砂浜に周期 5 s の波が入射しているときの完全移動限界水深が 5 m であった。このときの波高を求めよ。

[**8.2**] 漂砂の連続式（式 (8.20)）を誘導せよ。

[**8.3**] 一様勾配 1/25 の等深線に平行な直線状の海岸に波が入射している。波は水深 3.0 m の位置で砕波し，そのときの波高は 1.5 m で，汀線に対して 15° だけ傾いていた。式 (8.13) を用いて 1 日あたりの全沿岸漂砂量 Q_y [m^3/day] を求めよ。ただし，式内の係数 K は 3.0×10^{-5} m$^2\cdot$s^2/kg とする。砕波点では水深に比べて波長が十分長いと考えてよい。

9章 沿岸域の水環境と生態系

◆本章のテーマ

　沿岸域は人間活動の影響を強く受ける空間であり，これまで有害物質の流入による汚染問題や栄養塩の過剰負荷による富栄養化などさまざまな水環境問題を抱えてきた。本章では，沿岸域の物質循環と生態系，海岸地形と生態系の関連性について説明する。つぎに，赤潮，青潮など顕在化している沿岸域の水環境問題を述べるとともに，沿岸域の物質輸送・生態系モデルの概念について解説する。

◆本章の構成（キーワード）

9.1 沿岸域の物質循環と生態系
　　物質循環，食物連鎖，プランクトン，ネクトン，ベントス，デトリタス
9.2 海岸地形と生態系
　　浅場（あさば），干潟（ひがた），藻場（もば），海草，海藻
9.3 沿岸域の水環境
　　海水交換，栄養塩，富栄養化，有機汚濁，化学的酸素要求量，生物化学的酸素要求量，赤潮，貧酸素水塊（すいかい），青潮
9.4 沿岸域の物質輸送・生態系モデル
　　窒素，リン，溶存酸素，脱窒（だっちつ）

◆本章を学ぶと以下の内容をマスターできます

☞ 沿岸域の物質循環と生態系の関連性
☞ 海岸地形と生態系の関連性
☞ 沿岸域の水環境問題
☞ 沿岸域の物質輸送・生態系モデルの概念

9.1 沿岸域の物質循環と生態系

図 9.1 は，沿岸域における物質循環と生態系の関連性を模式的に図示したものである。生活排水，工業排水，畜産排水など陸域からの排水に含まれる窒素やリンなどの**栄養塩**（nutrient）や有機物が河川を通じて沿岸域に流入する。このように，陸域を起源として水質に影響を与える負荷を**外部負荷**（external load）と呼ぶ。一方，底質からの溶出や生物生産など沿岸海域内での負荷を**内部負荷**（internal load）という。

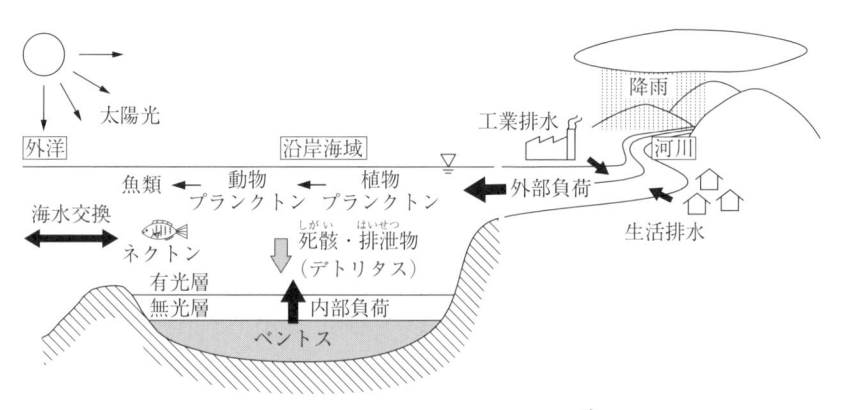

図 9.1 沿岸域の物質循環と生態系[1]

沿岸域では，**植物プランクトン**（phytoplankton）の**光合成**（photosynthesis）により，有機物と酸素が生産される。植物プランクトンは栄養塩類を吸収し，増殖する。一部の植物プランクトンは**動物プランクトン**（zooplankton）に捕食され，動物プランクトンは魚類に捕食されるという**食物連鎖**（food chain）が沿岸域で成り立っている。

光合成を行うために必要な強さの光が届く深さである**補償深度**（compensation depth）より浅い層を**有光層**（euphotic zone），深い層を**無光層**（aphotic zone）という。有光層では，植物プランクトンや海藻などの光合成植物により，活発な内部生産が行われる。無光層では，上層から沈降あるいは移流・拡散によって運ばれた有機物が，バクテリアにより分解・無機化される。このため，有光

層と無光層はそれぞれ生産層，分解層とも呼ばれる。

海域生物は，生活様式別に，海水中を漂う浮遊生物（プランクトン（plankton）），自ら水中を泳ぐ能力を持つ遊泳生物（ネクトン（nekton）），海底をおもな棲み処とする底生生物（ベントス（benthos））に分類される。生物の死骸や排泄物などが分解されて微粒子状になった有機物をデトリタス（detritus）といい，ベントスの摂食やバクテリアの分解作用により無機化される。

9.2　海岸地形と生態系

陸域と海域の双方の影響を強く受ける海岸は，その地質特性により，砂浜海岸，礫浜海岸，泥性海岸などさまざまな形態を持っている。砂浜には，巻き貝，甲殻類，腔腸動物などのベントスが，礫浜や硬い岩盤の海岸にはフジツボやサザエなどの付着性生物が多く生息する。このように，海岸の地形特性により，各種異なる生態系が形成されている。

河口域では，河川から供給される砂などが堆積し，沖まで水深の浅い地形が形成される。このような領域は浅場（shallow bottom）と呼ばれ，干潮・満潮の差により，満潮時には海底面が水面に没し，干潮時には海底が空気中に露出する干潟，ワカメやガラモなどの藻類に覆われた藻場，熱帯・亜熱帯地域に広がるマングローブ林，サンゴ礁などに分類される。浅場は人間の活動域に近いことから，これまで開発が進められ，自然環境が破壊されてきた。しかし，現在，浅場は生物の重要な生息地であることが再認識され，国際条約，法律，条例などによって保護が進められている。

9.2.1　干　　潟

河川から供給された砂で形成される干潟（tidal flat）は，その構成要素から砂性干潟と砂泥性干潟に分類される。立地の観点からは，前浜干潟，河口干潟，潟湖干潟，入江干潟，砂州干潟の五つに分けられる。干潟の形成要因としては，河川からの位置，土砂の粒径，土砂供給量，潮位差，水質などが挙げられる[2]。

干潟は潮汐の影響を大きく受ける低湿地である。そのため，水中生物や陸上生物など多種多様な生物が生息している。冠水時にはハゼ，カレイ，クルマエビといった水中生物が活動し，干出時にはカニなどの海底生物が活動する。生物多様性の観点から，干潟の保護活動は世界的にも盛んであり，干潟や浅場とそれらに生息する生物，さらには干潟・浅場を餌場とする鳥類の保護を目的としたラムサール条約が1971年に制定されている。

9.2.2 藻　　場

藻場（seaweed bed）は，植物相の違いにより，海草藻場と海藻藻場に分けられる。海草は海中に生える種子植物で，海藻は海中に生える藻類で，胞子によって繁殖する。本州中西部から四国・九州沿岸における藻場の形成の一例を，図 **9.2** に示す[3]。浅場などの砂泥域では，海草が繁茂しやすく，海草藻場が分布している。海草藻場には，アマモ類などの種子植物が生息している。海藻藻場は岩礁域や転石帯に形成され，比較的浅い場所にあるガラモ場，それよりも深い位置にある海中林藻場に分けられる[4]。ガラモ場はホンダワラ類によって構成され，外洋に面した浅場にできやすい。海中林藻場はコンブ，カジメ，アラメなどから成る。これらの藻場は，さまざまな生物の生息場・保育場であり，大型捕食生物の餌場として，人間にとって水産価値の高い場として重要である。

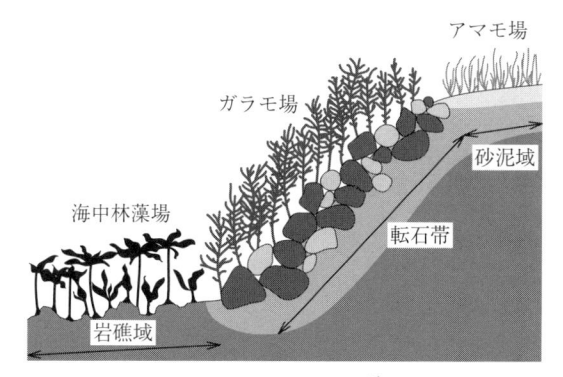

図 **9.2**　藻場の形成[3]

9.3　沿岸域の水環境

9.3.1　海水交換

通常，沿岸海域では，外洋との海水交換によって，汚濁物質の濃度が希釈され，海域の水質が維持される．しかし，閉鎖性海域では，海水交換性が悪く，湾内に汚濁物質が蓄積しやすい．その結果，閉鎖性海域は，富栄養化が進みやすく，さまざまな水環境問題が発生する．沿岸域の水環境を考える上では，沿岸海域の海水交換性を把握することは重要である．

パーカー（Parker）ら[5]は，米国のサンフランシスコ湾における塩分濃度の連続計測より，**海水交換率**（tidal exchange rate）について検討した．潮汐による海水交換の模式図を図 9.3 に示す．図中の Q_e, C_e はそれぞれ下げ潮時に湾内から外洋へ流出する総海水量とその平均塩分濃度を，Q_f, C_f はそれぞれ上げ潮時に外洋から湾内に流入する総海水量とその平均塩分濃度である．干潮位と満潮位の間の汽水域（淡水と海水が混在したところ）の容積は**タイダルプリズム**（tidal prism）と呼ばれ，ここでは Q_f に相当する．タイダルプリズム Q_f が，下げ潮時に流出して上げ潮時に再流入する海水量 Q_{fe} とそれ以外の外洋水量 Q_o の和として次式で表されるとする．

$$Q_f = Q_{fe} + Q_o \tag{9.1}$$

海水交換率 α は，上げ潮時に湾内に入る総海水量 Q_f に対する外洋水量 Q_o

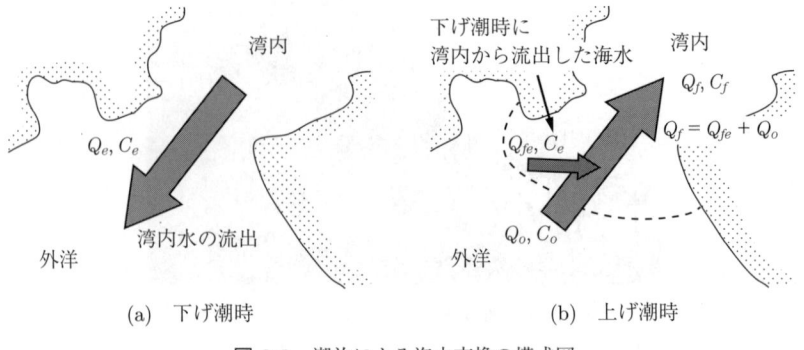

図 9.3　潮汐による海水交換の模式図
(a) 下げ潮時　　(b) 上げ潮時

の比として次式で定義できる。

$$\alpha = \frac{Q_o}{Q_f} \tag{9.2}$$

外洋水の平均塩分濃度を C_o，再流入する海水の平均塩分濃度は流出時と同じであるとすると，次式が成り立つ。

$$Q_f C_f = Q_{fe} C_e + Q_o C_o \tag{9.3}$$

式 (9.2) は，式 (9.1)，(9.3) より，次式のように表される。

$$\alpha = \frac{C_f - C_e}{C_o - C_e} \tag{9.4}$$

したがって，塩分濃度により，海水交換率を算定することができる。

上記の海水交換率以外に，湾内から外洋に流出した水塊の平均滞留時間を求めることにより，海水交換を表現する方法もある。

9.3.2 栄養塩と富栄養化

植物プランクトンはその成長・繁殖過程で，窒素，リン，ケイ素，微量金属を必要とする。これらの元素，物質は，総称して**栄養塩**（nutrient）と呼ばれ，沿岸域の生態系において必要不可欠な物質である。近年，生活排水や工業排水などによる沿岸域への栄養塩の過剰流入が問題となっている。特に，東京湾，伊勢湾，大阪湾などの閉鎖性海域は，外洋との海水交換性が悪いため，多量の栄養塩が流入した場合，水環境の悪化が生じやすい。

海域への栄養塩の過剰流入が続くと，海水は栄養塩の濃度が高い**富栄養化**（eutrophication）状態となる。富栄養化が進行すると，**赤潮**（red tide）や**青潮**（blue tide）が発生しやすくなる。栄養塩が過剰に沿岸域に流入し，水質が悪化する状態を**有機汚濁**（organic pollution）という。水質汚濁は，**化学的酸素要求量**（chemical oxygen demand, COD）や**生物化学的酸素要求量**（biochemical oxygen demand, BOD）の増加，あるいは透明度の低下として測定される。COD と BOD はいずれも水中の有機物量を示す指標である。COD は水中の有

機物を酸化剤で化学的に分解する際に消費される酸素量，BODは水中の有機物を好気性微生物が分解する際に消費される酸素量である。

9.3.3 赤　　潮

　沿岸海域の富栄養化においても，植物プランクトンの固体増加量が過度でなければ，他の捕食者によって個体数が抑制され，生態学的な均衡を保つことができる。富栄養化が進行すると，植物プランクトンの異常繁殖が起こり，**赤潮**（red tide）と呼ばれる現象が発生する。赤潮では，植物プランクトンが大量発生した際に，海水の色が赤くなることが知られている。これは，多量に発生した渦鞭毛藻類や珪藻などの植物プランクトンが密集するためである。また，えらに植物プランクトンがつまることによる魚類の窒息，溶存酸素濃度の低下，有毒藻が産出する毒素などによって，海域生物の大量死へとつながる。したがって，沿岸生態系が損なわれるだけでなく，養殖などの水産業にも甚大な被害を与えることになる。

9.3.4　貧酸素水塊の形成

　通常，植物・動物プランクトンの死骸や排泄物であるデトリタスは沈降し，海底に堆積する。堆積したデトリタスは，バクテリアにより，硫酸イオンや硝酸イオンなどの無機物に分解される。これを**好気性分解**（aerobic decomposition）という。その際に，**溶存酸素**（dissolved oxygen）が消費される。アンモニア態窒素の硝化や生物の呼吸によっても，底層で溶存酸素が消費される。

　赤潮の発生後には，異常繁殖した植物プランクトンが死滅し，大量のデトリタスが生じる。そのため，底層では大量の溶存酸素が消費される。特に，夏季においては，表層水温の上昇や河川からの淡水流入の影響により，**密度成層**（density stratification）が発達し，鉛直混合が弱まり，酸素が底層に供給されにくい状態が続く。その結果，底層での酸素の消費量が供給量を上回り，きわめて溶存酸素量の少ない**貧酸素水塊**（hypoxia）が底層に形成される。一般に，溶存酸素量が $1 \sim 2\,\mathrm{mg/L}$ の場合は魚介類が死に至り，$2 \sim 3\,\mathrm{mg/L}$ ではベン

トスの生態や漁業に影響を与えるといわれており，3 mg/L 以下を貧酸素水塊と定義することが多い。貧酸素化の状況では，酸素の代わりに硫酸塩や硝酸塩を呼吸に使う嫌気性微生物が増え，硫化物や窒素ガスが生成される。

9.3.5 青潮

青潮（blue tide）とは，底層付近に形成された貧酸素水塊が風外力によって海面に湧昇することで，海水が青白くなる現象である。図 **9.4** に，沿岸域における青潮の発生メカニズムを示す。図 (a) より，強風が沖向きに吹くと，表層では沖方向に向かう吹送流が，底層ではその補償流として岸方向に向かう流れが発生する。吹き寄せが続くと，沿岸部では水位が低下する。その結果，貧酸素水塊が海面まで湧昇し，貧酸素水塊に含まれる硫酸イオンが海水面で大気に触れて酸化することにより青白濁化し，青潮が生じる。青潮の発生は，魚介類の斃死など甚大な漁業被害を引き起こす。他の青潮の発生原因としては，図 (b)，(c) に示すように，地球の自転の影響により，エクマン輸送（6.5 節参照）と呼ばれる風向に直角方向の表層水の流れに対する補償流の発生，風停止後に生じ

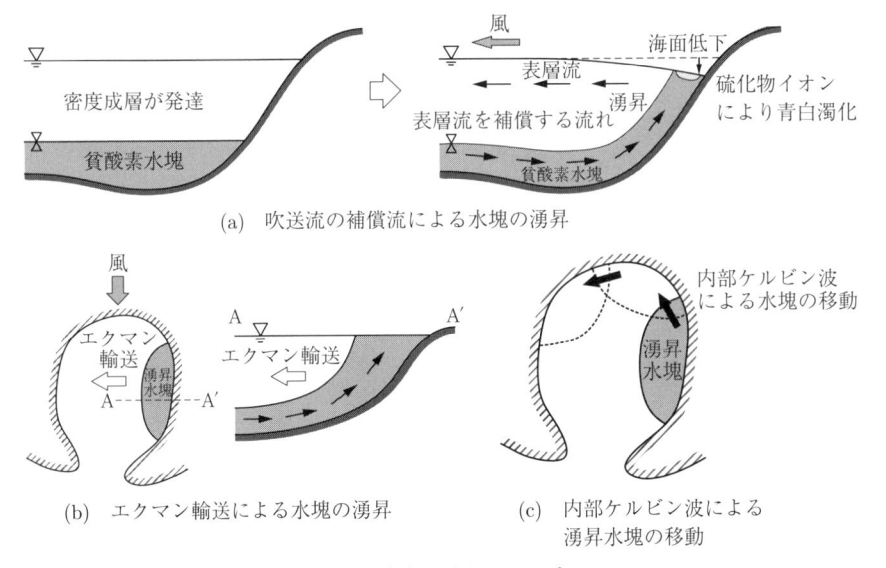

(a) 吹送流の補償流による水塊の湧昇

(b) エクマン輸送による水塊の湧昇

(c) 内部ケルビン波による湧昇水塊の移動

図 **9.4** 青潮の発生メカニズム

る内部ケルビン波の反時計回りの伝播が挙げられる。

9.4　沿岸域の物質輸送・生態系モデル

　沿岸域の水環境や物質循環を把握・予測することは，沿岸域の保全・環境創造のみならず，沿岸域の将来像を考える上でも重要である。そのためには，沿岸域の密度場・流動場などといった物理環境場を適切に評価する必要がある。その評価手法として，静水圧近似に基づく準 3 次元非定常流動モデルがよく用いられる。流れの駆動力として，潮汐，地球の自転に起因したコリオリ力，海域の密度差による密度流，河川水の流入，外洋水の流入・流出，風などが挙げられる。日射，降雨，気温などの気象因子については，海面における熱交換過程を定式化することで考慮することができる。詳細については他の専門書[6]を参考にされたい。

　準 3 次元非定常流動モデルの基礎方程式は，以下に示す水平方向（x, y 方向）の運動方程式（式 (9.5)，(9.6)），連続式（式 (9.7)），水位変動に関する式（式 (9.8)），水温および塩分の移流・拡散方程式（式 (9.9)，(9.10)），海水の密度と水温・塩分濃度の関係を示す状態方程式（式 (9.11)）である。ここでは，クヌーセンの状態方程式を示す[1]。

$$\frac{\partial u}{\partial t} + u\frac{\partial u}{\partial x} + v\frac{\partial u}{\partial y} + w\frac{\partial u}{\partial z} = fv - g\frac{\partial \eta}{\partial x} - \frac{g}{\rho}\int_z^\eta \frac{\partial \rho}{\partial x}dz$$

$$+ \frac{\partial}{\partial x}\left(A_H \frac{\partial u}{\partial x}\right) + \frac{\partial}{\partial y}\left(A_H \frac{\partial u}{\partial y}\right) + \frac{\partial}{\partial z}\left(A_z \frac{\partial u}{\partial z}\right) \tag{9.5}$$

$$\frac{\partial v}{\partial t} + u\frac{\partial v}{\partial x} + v\frac{\partial v}{\partial y} + w\frac{\partial v}{\partial z} = -fu - g\frac{\partial \eta}{\partial y} - \frac{g}{\rho}\int_z^\eta \frac{\partial \rho}{\partial y}dz$$

$$+ \frac{\partial}{\partial x}\left(A_H \frac{\partial v}{\partial x}\right) + \frac{\partial}{\partial y}\left(A_H \frac{\partial v}{\partial y}\right) + \frac{\partial}{\partial z}\left(A_z \frac{\partial v}{\partial z}\right) \tag{9.6}$$

$$\frac{\partial u}{\partial x} + \frac{\partial v}{\partial y} + \frac{\partial w}{\partial z} = 0 \tag{9.7}$$

9.4 沿岸域の物質輸送・生態系モデル

$$\frac{\partial \eta}{\partial t} + \frac{\partial}{\partial x}\left(\int_{-h}^{\eta} u\,dz\right) + \frac{\partial}{\partial y}\left(\int_{-h}^{\eta} v\,dz\right) = 0 \tag{9.8}$$

$$\frac{\partial T}{\partial t} + u\frac{\partial T}{\partial x} + v\frac{\partial T}{\partial y} + w\frac{\partial T}{\partial z}$$

$$= \frac{\partial}{\partial x}\left(K_H \frac{\partial T}{\partial x}\right) + \frac{\partial}{\partial y}\left(K_H \frac{\partial T}{\partial y}\right) + \frac{\partial}{\partial z}\left(K_z \frac{\partial T}{\partial z}\right) \tag{9.9}$$

$$\frac{\partial S}{\partial t} + u\frac{\partial S}{\partial x} + v\frac{\partial S}{\partial y} + w\frac{\partial S}{\partial z}$$

$$= \frac{\partial}{\partial x}\left(D_H \frac{\partial S}{\partial x}\right) + \frac{\partial}{\partial y}\left(D_H \frac{\partial S}{\partial y}\right) + \frac{\partial}{\partial z}\left(D_z \frac{\partial S}{\partial z}\right) \tag{9.10}$$

$$\rho = \rho(T, S) = \frac{\sigma_t}{1\,000} + 1 \tag{9.11}$$

ここで，u，v はそれぞれ x，y 方向の水平流速，w は鉛直方向（z 方向）の流速，f はコリオリ係数，η は水位変動，g は重力加速度，h は静水深，A_H と A_z はそれぞれ水平および鉛直方向の渦粘性係数，T は水温，S は塩分濃度，K_H と K_z は水温，D_H と D_z は塩分に関する，それぞれ水平および鉛直方向の渦拡散係数を表す．式 (9.11) の σ_t は次式で与えられる．

$$\sigma_t = \Sigma_t + (\sigma_0 + 0.132\,4)\{1 - A_t + B_t(\sigma_0 - 0.132\,4)\} \tag{9.12}$$

ここで，

$$\Sigma_t = -\frac{(T - 3.98)^2}{503.570}\frac{T + 283.0}{T + 67.26} \tag{9.13}$$

$$\sigma_0 = -0.093 + 0.814\,9\,S - 0.000\,482\,S^2 + 0.000\,006\,8\,S^3 \tag{9.14}$$

$$A_t = T(4.786\,9 - 0.098\,185\,T + 0.001\,084\,3\,T^2) \times 10^{-3} \tag{9.15}$$

$$B_t = T(18.030 - 0.816\,4\,T + 0.016\,67\,T^2) \times 10^{-6} \tag{9.16}$$

式 (9.5) ～ (9.11) の基礎方程式を適切な初期条件と境界条件に基づいて解くことにより，対象海域の流動場と密度場を求めることができる．

物質循環や生態系に関する基礎方程式は，次式に示すおもに生化学過程を考慮した移流拡散方程式であり，本節の流動モデルによって得られた流速 u, v, w を用いて解くことができる．

$$\frac{\partial C_i}{\partial t} + u\frac{\partial C_i}{\partial x} + v\frac{\partial C_i}{\partial y} + w\frac{\partial C_i}{\partial z}$$
$$= \frac{\partial}{\partial x}\left(K_H \frac{\partial C_i}{\partial x}\right) + \frac{\partial}{\partial y}\left(K_H \frac{\partial C_i}{\partial y}\right) + \frac{\partial}{\partial z}\left(K_z \frac{\partial C_i}{\partial z}\right) + S_i \quad (9.17)$$

ここで，C_i は物質 i の濃度，K_H と K_z はそれぞれ水平および鉛直方向の渦拡散係数である．S_i は生化学過程による各対象物質の生成・消滅項を表す．

生態系モデルは，おもに窒素およびリンの物質循環により表現され，図 **9.5** に示すように，窒素・リンの形態によって分類される．最も単純なモデルは，窒素・リンを有機態と無機態の二つに区分するモデルであり，有機態の窒素・リンを懸濁態と溶存態に区分して取り扱う場合もある．懸濁態の窒素・リンをさらに詳細に分割して扱うモデルには，低次生態系モデルから高次生態系モデルまでさまざまなモデルがある．

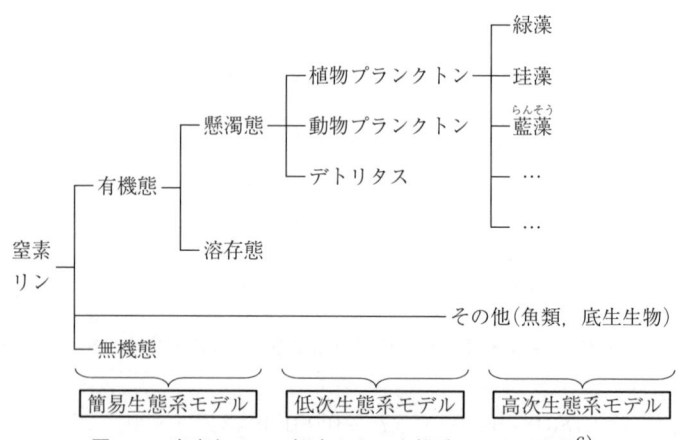

図 **9.5** 窒素とリンの観点からの生態系モデルの分類[6]

生態系モデルの中でも，特に低次生態系モデルでは，生産者として植物プランクトン，消費者として動物プランクトン・バクテリア，資源として栄養塩・デトリタス・溶存有機物を考慮している．図 **9.6** に低次生態系モデルの概念図[6]

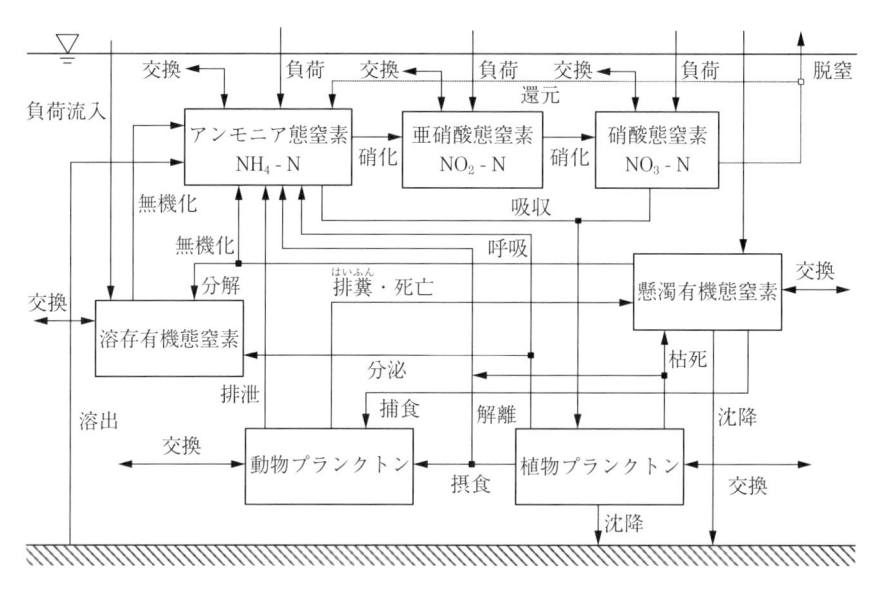

9.4 沿岸域の物質輸送・生態系モデル

(a) 窒素に関する循環

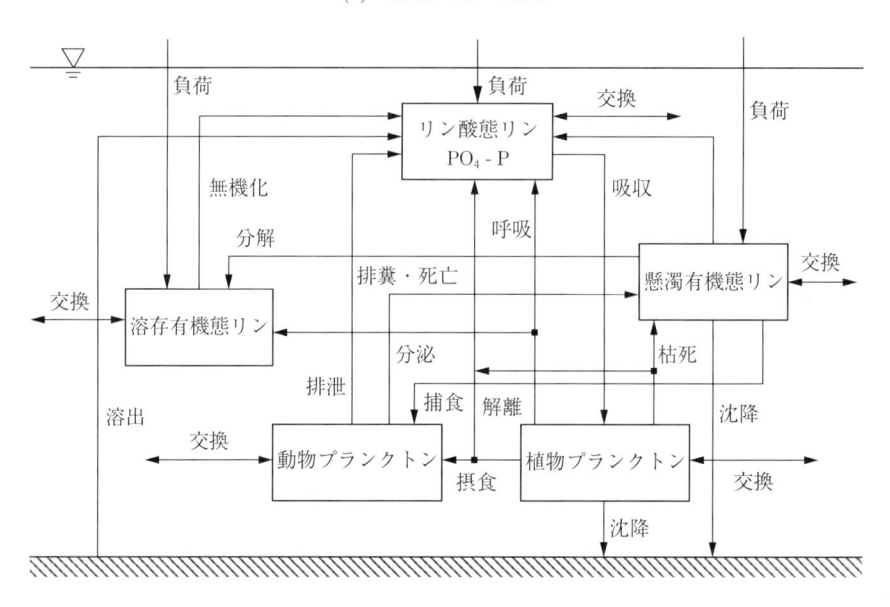

(b) リンに関する循環

図 **9.6** 生態系モデルの概念図[6]

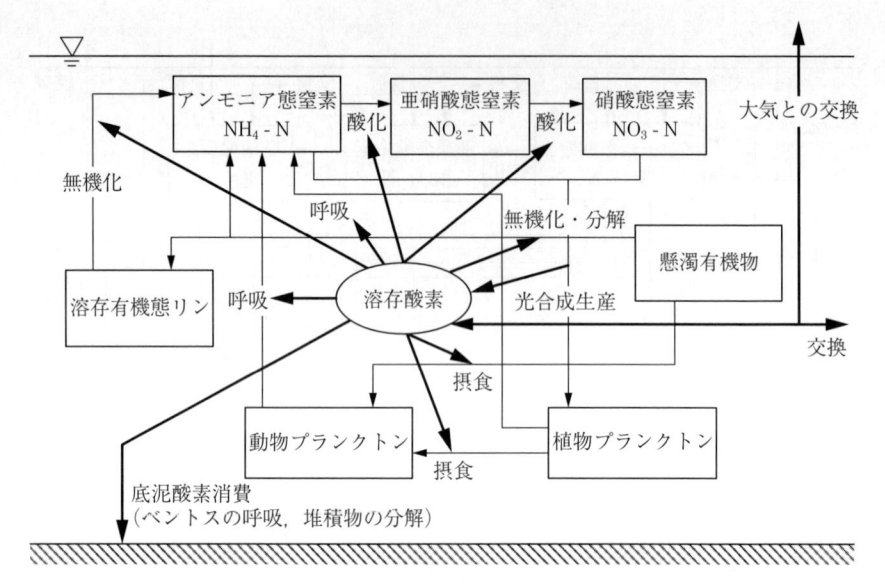

(c) 溶存酸素に関する循環

図 **9.6** （続き）

を例示する．窒素・リンの中でも無機態で存在するものは，植物プランクトンに取り込まれる．植物プランクトンに取り込まれた窒素とリンは，さらに高次の生物による捕食・生物の死亡や排泄等のさまざまな過程を経て，最終的にはデトリタスもしくは溶存態の窒素・リンとなる．これらの一部は水中で分解することにより無機態に回帰し，一部は沈降して，海底に堆積する．堆積した窒素・リンの一部は底泥（ヘドロ）で分解され，水中に無機態として回帰する．窒素およびリンの物質循環を理解することにより，生物の生息条件として最も重要な環境要因の一つである溶存酸素の動態を把握し，生態系に及ぼす影響を定量的に評価することが可能となる．

ここでは，図 9.6(a) に示す低次生態系モデルにおける窒素循環について概説する．窒素化合物はさまざまな形態で存在し，分解や物質交換など複雑な過程で循環している．溶存無機態窒素にはアンモニア態・亜硝酸態・硝酸態があり，これらの一部は植物プランクトンに取り込まれる．植物プランクトンに取り込

9.4 沿岸域の物質輸送・生態系モデル

まれた窒素は，動物プランクトンによる摂食や排泄などを経て，デトリタスまたは溶存態窒素となる。デトリタスは微生物の分解によって無機態となる。これに加えて，系外の河川や大気からの窒素流入も存在する。アンモニアは硝化細菌によって酸化され，亜硝酸や硝酸に変化する。これを硝化反応といい，好気的条件下で進行する。よって，溶存酸素の少ない状況ではアンモニアの割合が高まる。一方，脱窒細菌は嫌気的条件下で硝酸態窒素を還元し，窒素ガスま

コラム

沿岸海域の流動・密度構造に関する数値シミュレーション

図1は，伊勢湾を対象とした準3次元非定常流動モデルによる流動・密度構造に関する計算結果[7]の一例である。二つの図は，2001年6月に発生した木曽三川（木曽川，長良川，揖斐川）からの出水前後の表層密度と表層流速を示す。6月19日15時（図(a)）は出水前であり，湾奥部などの河口付近のみに表層密度の小さい水塊が存在している。一方，出水後の6月21日9時（図(b)）には，河川からの大量の淡水流入により，伊勢湾海域の流動・密度構造が一変しているのがわかる。

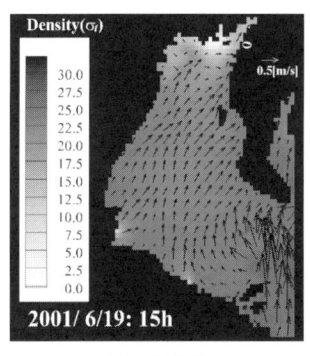

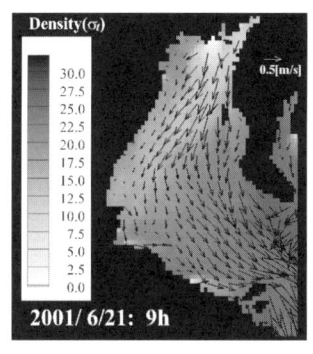

(a) 出水前　　　　　(b) 出水後

図1　沿岸海域の表層密度と表層流速の計算結果[7]

このように，大出水時や台風時においては沿岸海域の流動・密度構造が急激に変化することから，気象擾乱時の水環境や物質輸送について把握・予測することは，防災面と海域環境面の両面を考える上で重要であるといえる。

たは亜酸化窒素（N_2O）ガスが生じる。これを**脱窒**（denitrification）といい，窒素循環において重要な役割を担っている。

　沿岸域を対象とした生態系モデルとしては浮遊系モデルが一般的で，底生系を境界条件として取り扱うことが多い。しかし，この場合，底泥付近での酸素消費に関連した現象が十分に表現できない。特に，干潟のような浅場では，浮遊系と底生系の相互作用を無視することができない。浅場は沿岸環境や漁業の面で重要な役割を果たしている。このような物質循環を考える場合には，浮遊系と底生系の両方を解析できるモデルが必要である。近年では，底泥表層付近での生態系プロセスを組み込み，浮遊系と底生系を結合させた物質循環の解析が実施されている。

　周期的かつ広域的な観測が可能な衛星リモートセンシングが，海域のモニタリングシステムとして注目を集めている。**リモートセンシング**（remote sensing）とは，航空機や人工衛星にセンサを搭載し，対象物から反射・放射される電磁波を観測することにより，対象物の性質を解析する技術である。その中でも，海域を対象とした観測センサであるMODIS（moderate resolution imaging spectroradiometer）は，観測波長が広く，観測頻度が1日に2回と高いため，日本各地の閉鎖性海域を対象とした観測に活用されている。MODISデータからは，海面水温や濁度，クロロフィル濃度などが推定可能であり，今後，リモートセンシングを生かした物質輸送・生態系モデルの発展が期待される。

演 習 問 題

〔**9.1**〕　関心のある沿岸域の水環境問題を取り上げ，具体的な対策方法あるいは今後の方針についてまとめよ。

〔**9.2**〕　沿岸海域における赤潮と青潮の発生メカニズムについてまとめよ。

〔**9.3**〕　海のゆりかごと呼ばれる干潟が沿岸域の生態系にどのような役割を果たしているかをまとめよ。

10章 沿岸域の保全・利用・環境創造

◆本章のテーマ

1999年の海岸法の改正後，防災のみならず，沿岸域の環境や利用にも配慮することが明確に示された。本章では，沿岸域における保全・利用・環境創造の現状と課題について述べるとともに，アセットマネジメント，環境アセスメント，ミチゲーション，沿岸域に及ぼす地球温暖化の影響について考える。

◆本章の構成（キーワード）

10.1 沿岸域の保全・利用
    波浪制御構造物，漂砂制御構造物，沿岸利用構造物，構造物の老朽化，
    アセットマネジメント，ライフサイクルコスト
10.2 沿岸域の環境創造
    覆砂，干潟，曝気(ばっき)
10.3 環境影響評価
    環境アセスメント，スクリーニング，スコーピング
10.4 ミチゲーション
    回避，最小化，矯正(きょうせい)，軽減，代償
10.5 沿岸域に及ぼす地球温暖化の影響
    地球温暖化，緩和策，適応策

◆本章を学ぶと以下の内容をマスターできます

☞ 沿岸域の保全・利用・環境創造の現状と課題
☞ アセットマネジメント・ミチゲーションの考え方
☞ 環境影響評価の考え方と手続きの流れ
☞ 地球温暖化による沿岸域への影響

10.1　沿岸域の保全・利用

　沿岸域の保全に際しては，沿岸環境に配慮しながら，波浪・高潮・津波による浸水災害，海岸侵食・港湾埋没・河口閉塞等の漂砂災害などから人間の活動域を防護することが重要である。そのため，これまで多種多様な形式の沿岸構造物がその目的に応じて建造されてきた。以下に，沿岸構造物の構造形式と設置目的について説明する。

10.1.1　沿岸構造物の構造形式

　構造形式別に沿岸構造物を分類すると，以下のとおり，おもに① 着定式構造物と ② 浮体式構造物に分けられる。

　〔1〕　**着定式構造物**　　着定式構造物は地盤に直接据え置かれた形式であり，構造物そのものの重量や根入れ部の抵抗力により，耐波安定性を確保する構造物である。十分な安定性を得るためには，構造物の自重を大きくする必要があり，それに伴って構造物の規模も大きくなる。しかし，沿岸域には軟弱地盤が多く存在するため，重量構造物を設置するには地盤改良が必要になる。場所によっては，地盤改良が技術的あるいは経済的に困難な場合がある。

　〔2〕　**浮体式構造物**　　浮体式構造物は，ポンツーンなどの浮体を係留索（ロープ）で固定して海上に浮かべた構造形式で，波エネルギーが集中する海面を中心に波浪制御する構造物である。浮体が動揺することで発生する**発散波**（radiation wave）により，入射波と通過波を制御する。

10.1.2　沿岸構造物の設置目的

　設置目的別に沿岸構造物を大別すると，おもに① 波浪制御構造物，② 漂砂制御構造物，③ 沿岸域利用構造物に分類される。

　〔1〕　**波浪制御構造物**　　波浪制御構造物は，沖合から浅海域に伝播する波浪，高潮，津波を構造物によって反射・減衰させることにより，波そのものを制御する構造物である。代表的なものとしては，**直立護岸**（upright seawall），

水深の変化により波浪変形を促す**傾斜護岸**(sloping revetment)などがある。

波浪制御構造物の一例として，**海岸護岸**(coastal revetment)と**海岸堤防**(coastal dike)の断面図をそれぞれ**図 10.1**，**図 10.2**に示す。両構造物は，既設の海岸線または盛土で作った堤体をコンクリート等で被覆し，海岸線と堤体そのものの補強を図っている。堤体の安定性を向上させるために根固工や根留工が施され，堤体前部の局所洗掘の防止を目的に止水工が設置されている。構造物の上部には波返し工（パラペット）を設けることで波を沖に跳ね返し，越波・越流を防いでいる。堤体前面部に消波工として消波ブロックや捨石等を置くことで，波を強制的に砕波させ，堤体への打ち上げ高を低減させている。

高波浪時では，海岸護岸や海岸堤防を設置していても，越波・越流が発生する可能性がある。これを防ぐための構造物の一つとして，**防波堤**(breakwater)がある。沖合に設置された防波堤は，波浪，高潮，津波を防御する機能を有している。また，港湾における防波堤は，おもに港湾機能の安全と静穏の確保を目的に設置されている。

図 10.3に示す**潜堤**(submerged breakwater)は，構造物上での強制的砕波

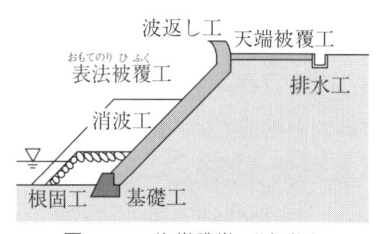

図 10.1 海岸護岸の断面図

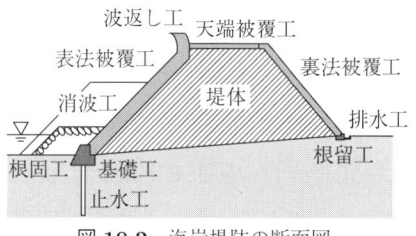

図 10.2 海岸堤防の断面図

図 10.3 潜堤の断面図

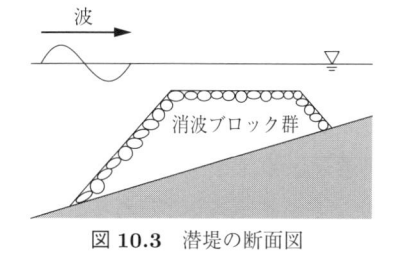

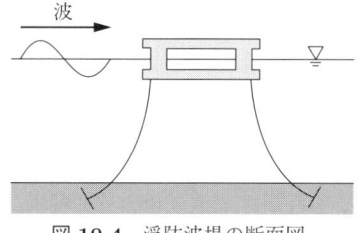

図 10.4 浮防波堤の断面図

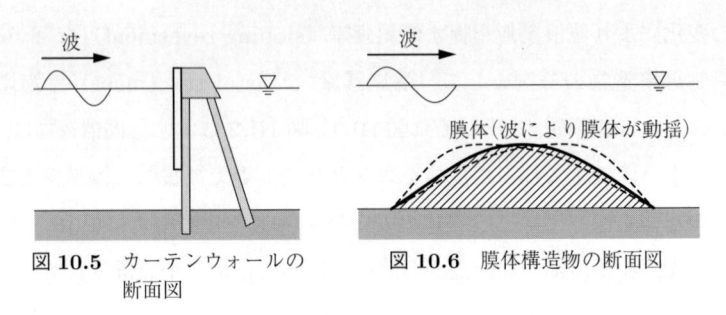

図 10.5　カーテンウォールの断面図

図 10.6　膜体構造物の断面図

により，波高を低減させて波浪を制御している．潜堤を構成する消波ブロック群内の流れに乱れが生じ，より一層，波高が減衰される．潜堤のうち，岸沖方向に天端幅を広くしたものを人工リーフ（artificial reef）という．図 10.4，図 10.5 に示す浮防波堤とカーテンウォールは，波エネルギーの集中する海面付近に構造物を設置することで，波エネルギーを効率よく逸散させることを目的としている．海水面から底面までを閉じる従来の防波堤と比べて海水交換性に優れ，沿岸環境にも配慮された構造物である．図 10.6 に示す膜体構造物は，入射波によって膜体が動揺する際に発生する波を利用して，港湾の静穏化を図っている．

〔2〕漂砂制御構造物　　河川から沿岸域への土砂供給量が減少した原因として，河川改修やダム建設が挙げられる．また，波浪制御を目的とした沿岸構造物の設置により，沿岸域の防災能力は向上したものの，海岸侵食や航路埋没等の漂砂に関連した災害が発生している．漂砂制御構造物は，底質の移動を制御し，海岸侵食の防止を主たる目的としている．安定海浜においても底質はつねに移動しており，土砂の流入と流出のつり合いが一旦崩れると，新たな平衡状態へと推移する．底質土砂の供給量が沖や沿岸への流出量より少ない場合には，海岸が侵食され，沿岸構造物の倒壊や損傷を引き起こすことになる．現在，わが国では全国的に海岸侵食が進んでおり，1 年間に約 160 ha の砂浜，礫浜が消失しているといわれている[1]．

海岸侵食対策として，①堤防・護岸・消波堤，②突堤群，③離岸堤・潜堤，④ヘッドランド（人工岬），⑤養浜，⑥サンドバイパスなどがある．

堤防（embankment）・護岸・消波堤は，海浜が波に削り取られないように海

10.1 沿岸域の保全・利用

岸線を構造物で防護するものである．これまで，海岸侵食対策として広く用いられてきた工法である．しかし，直立堤は反射波などの影響で前面の砂浜が消失することから，現在では緩傾斜の堤防が採用されることが多い．

海岸線にほぼ直角に沖に向かって突き出した堤防状の**突堤**（groin）は，沿岸漂砂を捕捉することによって海岸侵食を防止する構造物で，わが国だけでなく欧米でもよく用いられている．兵庫県東播海岸における突堤群を示す図 **10.7** を見ると，突堤と突堤の間に砂が堆積していることが確認される．しかし，漂砂を捕捉し過ぎると，突堤背後で海岸侵食が進む可能性があるため，留意する必要がある．

離岸堤（detached breakwater）は，岸から離れて汀線に平行に設けられた構造物で，消波堤と同様に，入射波のエネルギーを減少させるとともに，その背後に**トンボロ**（tombolo）の形成をもたらす．図 **10.8** は鳥取県皆生海岸の離岸堤である．離岸堤背後に砂が堆積し，海岸侵食対策工としての効果が認められる．

天端を干潮面以下に水没させた構造物は**潜堤**（submerged breakwater）と呼ばれ，海岸からの景観を保全するなどの利点がある．

図 **10.7** 突堤（東播海岸）[2]　　図 **10.8** 離岸堤（皆生海岸）[2]

ヘッドランド（headland）は，人工的に岬を造り，その間でポケットビーチのような安定海浜を形成するものである．季節によって波向きが変わると汀線の安定形状も変化するので，その変化を考慮して設計する必要がある．図 **10.9** に，茨城県大野鹿島海岸におけるヘッドランドの施工実施例を示す．

図 10.9　ヘッドランド（大野鹿島海岸）[2]）　　図 10.10　サンドバイパス（天橋立）[2]）

　養浜（beach nourishment）は，波によって砂浜が消失した海岸に人為的に砂を投入する工法であり，養浜による砂浜を**人工海浜**（artificial beach）という。造成後は，突堤や離岸堤のような構造物で漂砂の流出を防いだり，継続的に砂を投入することで平衡状態を維持できるようにするなど，土砂流出対策を行う必要がある。

　漂砂の卓越する海岸に構造物を設置した場合，構造物の上手側で堆積が生じ，下手側で侵食が生じる。人工的に上手側の砂を下手側へ移動させ，砂浜を復元する方法を，**サンドバイパス**（sand bypass）という。図 10.10 に示すように，京都府の天橋立では，その北側（図の右上）から土砂を運搬し，流れを活用して砂嘴全体にいき渡るように土砂が投入されている。

　〔3〕　**沿岸域利用構造物**　　沿岸域の有効利用を目的とした**親水性護岸**（amenity-oriented seawall）と呼ばれる構造物がある。**緩傾斜護岸**（gentle slope-type seawall）はその一つの構造物として知られている。図 10.11 に示すように，護岸の法面勾配を緩くしたり，階段・スロープを併設することで，海岸への安全なアクセスと親水性を確保している。また，緩傾斜護岸は，波浪制御機能だけでなく，防波堤前面部に造られた水深の浅い部分が浅場と同様の働きをもたらすとともに，斜面上での強制砕波による曝気（水中に酸素を供給）が水質環境の改善に影響を与える。

　波エネルギーの利用を目的とした構造物としては，図 10.12 に示す波浪制御と発電を兼ね備えた波エネルギー吸収型防波堤がある。防波堤内部に空気室を

図10.11 緩傾斜護岸の施工例（北海道胆振海岸）[2]

図10.12 発電機能を有する防波堤（山形県酒田港）[2]

設け，波エネルギーを空気の流れに変換してタービンを駆動することにより発電することができる。

10.1.3 港湾埋没・河口閉塞対策

船舶の安全航行には，航路や泊地における水深確保が重要である。沿岸漂砂による港湾埋没を抑止するためには，防波堤の先端を波の移動限界水深よりも深い位置にまで延伸する方法が有効である。最近では，長周期波による港湾埋没が顕在化している。この場合には，航路や泊地への土砂堆積を完全に阻止することができないため，適宜，浚渫する（底質土砂を掘り取る）必要がある。河口港では，沿岸漂砂に加えて河川からの流入土砂が埋没要因となる。河口域では，化学変化により粒径の細かい土砂（シルト）が凝集，沈降，堆積する**フロキュレーション**（flocculation）が生じる。また，シルトが波や流れで運ばれ，航路や泊地で堆積する**シルテーション**（siltation）が発生する。シルテーションへの対策工法としては，導流堤や潜堤の建設あるいは浚渫が挙げられる。

沿岸漂砂による河口域での土砂堆積が顕著な場合には，河口が閉塞する。洪水時に河口が閉塞状態にあると，洪水被害を増加させる可能性がある。その対策としては，河口部に導流堤を建設し，流れによるフラッシュ効果（堆積土砂の流出）を活用する河口開削方策がある。それ以外には，洪水前に人為的に砂州を撤去する対策，流量が少ない河川では河口を暗渠構造にして（地下に水路を埋設して）沿岸漂砂を防ぐ方法などがある。

10.1.4 アセットマネジメント

わが国の沿岸構造物を含めた社会資本は，1955 年頃から始まった高度経済成長期に整備されたものが多い．一般にコンクリート構造物の耐久年数は 50 年前後であるといわれており，この時期に築造された構造物の老朽化が問題視されている．**図 10.13** に示すように，現在設置されている海岸堤防や海岸護岸については，1965 年以前に造られたものが全体の約 6 割を占めている．すなわち，わが国の堤防や護岸の半数以上はすでに耐用年数を過ぎ，更新や補強が必要である．一部の構造物はすでに改修されているが，今後，さらに老朽化が進んで更新や補強が必要となる構造物が増えることが予想される．一方，**図 10.14** を見ると，高度経済成長期から順調に伸びてきた海岸事業費は，1998 年以降，急

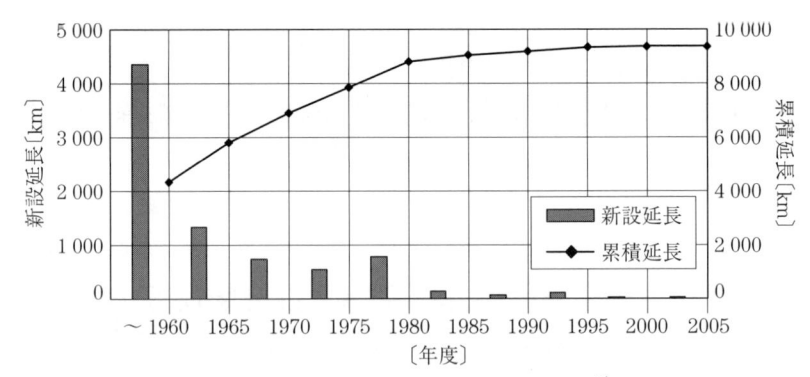

図 10.13　海岸堤防・海岸護岸の築造年次[3]

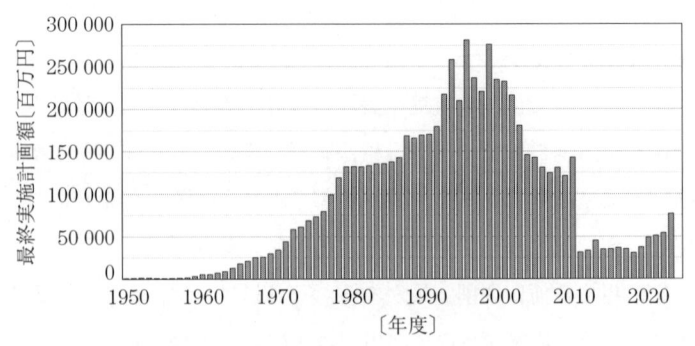

図 10.14　海岸事業費の推移（1950〜2020 年度）[4]

激に減少している．これは，経済の低迷，少子高齢化に伴う財政状況の悪化が原因である．今後は，限られた財源の下で，社会資本の合理的かつ効率的な維持管理が望まれる．

現在，合理的な社会資本の維持管理手法として，**アセットマネジメント**（asset management）が注目されている．アセットマネジメントは，利益の最大化を目的とした資産管理方法である．社会資本整備においては，計画，点検・調査の段階から劣化予測と性能評価を行い，**ライフサイクルコスト**（life cycle cost）が最適となるような投資・予算配分を行う手法を指す．維持更新コストの最小化・平準化が図られるようになった点，事後保全から予防保全への転換がなされた点が従来の維持管理と大きく異なる．社会資本の正確な評価や予算との整合性も要求され，国民に対して業務の実施状況を適切に説明する責任が求められる．

10.2 沿岸域の環境創造

10.1 節のとおり，沿岸防災と経済発展のために，沿岸域にはさまざまな構造物が建設され，開発が進められてきた．しかしながら，近年，沿岸生態系の破壊が進み，自然との共生を実現する持続可能な社会の形成が求められている．沿岸域の水環境を回復させるためには，陸域から流入する汚染物質の負荷を軽減することが最も効果的な対策の一つである．これまで，さまざまな水質・排水規制がなされ，海域に流入する環境負荷物質の総量は減少し，水質が改善されつつある．また，外洋との海水交換を促進するために，新たな水路の開削，水門等による潮流の人為的操作，導流堤による川の流れの制御などの対策がとられてきた．閉鎖性海域の富栄養化の原因の一つに，栄養塩の流入により増殖したプランクトンのデトリタスが長期間かけて海底に堆積した底泥からの栄養塩の溶出が挙げられる．栄養塩の溶出による汚染を防ぐ方法としては，汚染された底泥を直接，浚渫して取り除く方法や，底泥の表面を砂で覆い，底泥が海水と触れる機会を減らす**覆砂**（sand capping）による方法がある．

失われた沿岸域の生態系を取り戻し，より良い沿岸環境を創り上げるために，

沿岸海域の水質浄化機能を有する浅場・干潟・藻場などの造成が進められている。また，人為的に海水中に空気を送り込み，海水中の溶存酸素濃度を上げることで貧酸素化を抑制する**曝気**（aeration）による水質浄化，海底構造物による深層水の湧昇など，水質改善のための技術革新が期待されている。沿岸環境については，人間以外の多種多様な生物にも配慮する必要がある。例えば，**図 10.15**のように，水中に沈められた人工漁礁は魚類の繁殖と育成に十分な効果を上げている。漁礁の造成は，魚類生息数の増加のみならず，効率的かつ安定的な漁業経営にもつながる。別の沿岸域利用として，漁業基地の設置が挙げられる。**図 10.16** のように，数多くの沿岸漁業基地が海域に設置され，水産業の安定供給拠点となっている。

図 10.15　漁礁の造成（青森県）[2]

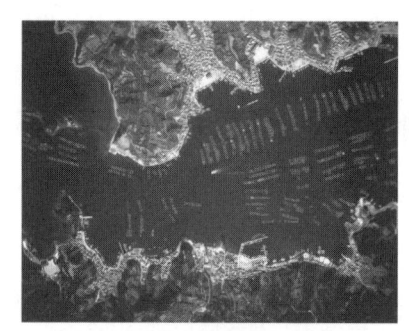

図 10.16　沿岸漁業基地（愛媛県石応漁港）[2]

このように，沿岸域の環境を保全・創造することは，沿岸生態系のみならず，人間の生産活動にとってもきわめて有益である。

10.3　環境影響評価

沿岸域の開発と防災に関する事業においては，自然環境に配慮した上で，事業の方策を一般市民に説明し，社会の合意を得る必要がある。事業完了後の供用段階においても追跡調査を行い，将来どのような影響を環境に与えるのかを評価し，環境負荷を緩和するための施策を実施することが求められている。

10.3 環境影響評価

現在の**環境影響評価**（environmental impact assessment）（**環境アセスメント**（environmental assessment））の基本理念と制度は，2000年に改定された**環境影響評価法**（Environmental Impact Assessment Act）によって定められている。この法律において，環境アセスメントは，「事業の実施が環境に及ぼす影響について環境の構成要素に関わる項目ごとに調査，予測および評価を行うとともに，これらを行う過程においてその事業に関連する環境の保全のための措置を検討し，この措置が講じられた場合における環境影響を総合的に評価すること」と定義されている。

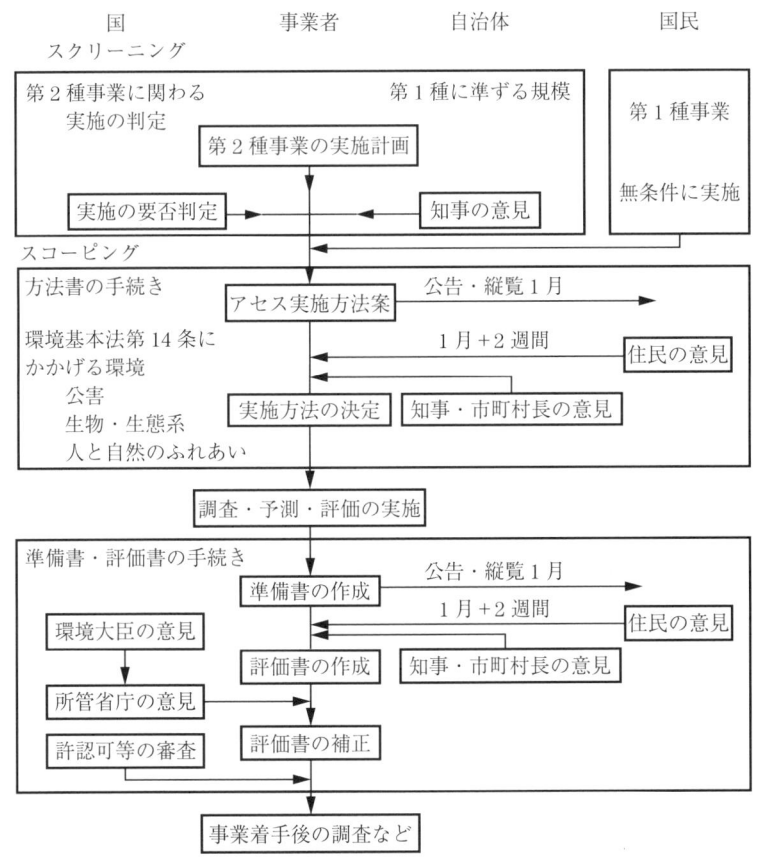

図 **10.17** 環境アセスメントの手続きの流れ[5]

環境アセスメントの手順は図 **10.17** に示すとおりである。まず，事業の大きさに応じて，環境アセスメントを必ず実施する第 1 種事業，アセスメント対象とするかどうかを**スクリーニング**（screening，ふるい分け）を通して判断する第 2 種事業，その他の事業に分類する。沿岸域で展開される事業の多くはその総面積によって決まることが多い。第 2 種事業に判別された事業でも，環境影響の度合いや重要性によっては環境アセスメントの対象となることがある。アセスメントを行うことが決定した事業に対しては，環境アセスメントの実施方法・手順をまとめた方法書を事業者が作成する**スコーピング**（scoping）を実施する。その後，方法書に基づいて実際に調査，予測，評価を行う。

このように，環境影響を事前に予測・評価し，事業後もモニタリングを続けることで環境負荷を減らすことが可能となる。近年では，生物多様性条約の批准と生物多様性国家戦略の策定によって，これまで強調されてこなかった生物多様性の保全が大きく取り上げられている。

沿岸域では，プランクトンとネクトンは水質に，ベントスは底質に大きく依存して生活しているため，水質と底質の変化が直接的に沿岸生態系に影響を及ぼす。そのため，① 対象海域の地形と底質，② 成長や季節を考慮した生物の生活史，③ 生物学的多様性，④ 群集の食物網，⑤ 物質循環に留意しながら，沿岸生態系全体への影響を予測する必要がある[6]。

コラム

開発か？　それとも，環境保全か？

　名古屋港湾奥部の臨海工業地帯に残された藤前干潟は，渡り鳥であるシギ，カモ，チドリの国内有数の中継地であり，他の干潟と同様，ゴカイ，アナジャコ等の底生生物，ハゼ，ボラ等の魚から成る豊かな生物相を有している。

　藤前干潟は，以前，名古屋市のごみ埋め立て処分場の候補地に挙げられていた。当時の環境アセスメントの結果を不満に思った環境庁（現在の環境省）の働きかけや住民の声を受けて，ごみの埋め立て計画は白紙撤回され，名古屋市はごみ収集制度の見直しを行った。その結果，同市では，ごみの分別回収などの対策をとり，市内のごみ総量を減らすことに成功した。現在の藤前干潟は，ラムサール条約で守られる世界有数の干潟として知られるようになった。

沿岸生態系への影響を評価する手法として，生態系モデルによる解析，インパクトレスポンスフロー解析，環境指標による評価などが挙げられる。生態系モデルは，9.4節で述べたように，生物・化学的要因を考慮した物質の循環・輸送モデルである。しかし，沿岸域を取り巻く環境は非常に複雑であり，モデル化には多くのパラメータが必要になる。実用的な予測精度を得るためには，これらのパラメータを適切に設定する必要がある。インパクトレスポンスフロー解析では，ある環境変化を与えたときに対象種やその生息環境が受ける影響を網羅的に整理したインパクトレスポンスフロー（流れ図）を作成する。これにより，注目すべき変化や要因間の関係を抽出し，客観的に示すことが可能となる。環境指標を用いた解析では，溶存酸素濃度など対象地域の代表的な環境指標を用いることで，環境を端的に評価することが可能である。しかし，特定の要因間の関係や影響のメカニズムを把握するのは困難である[7]。

10.4 ミチゲーション

人類と自然環境の永続的な共存を図る生態学的な倫理観に基づいた概念として，近年，ミチゲーション（mitigation）が注目されている。ミチゲーションは，開発によって環境に与えた影響を緩和するための保全行為を指す概念であり，米国で先進的に取り入れられてきた。現在では，多くの国でミチゲーションの概念に基づいた制度や事業が実施されている。

ミチゲーションの概念を機能化し，具体的な活動とするには現実的な定義が必要になる。米国では，国家環境政策法（National Environmental Policy Act, NEPA）の中で，ミチゲーションを以下のように分類・定義している。

- 回避（avoid）：　開発行為全体，あるいはその一部を行わないことにより，すべての影響を回避する。
- 最小化（minimize）：　開発の程度と規模を極限まで変更・制限することによって，開発行為が与える影響を最小化する。
- 矯正（rectify）：　開発途中に影響を受けた環境を修復，改善することに

より，影響を矯正する．
- **軽減**（reduce）： 開発期間中において，保全活動や維持によって事業の影響を軽減または除去する．長期的な影響についても考慮する．
- **代償**（compensate）： 開発が行われている場所において，矯正，軽減の実施が不可能である場合，代替の場所の資源や環境で置換，またはこれらを提供することにより，影響を代償する．

このように，ミチゲーションはその解釈や定義によって初めて具体化されるものであり，手続きが詳細に定められた環境影響評価とは異なる．現行の環境影響評価が環境への悪影響を評価・軽減するための制度であるのに対し，ミチゲーションは積極的な環境回復・創造を追求するものである．

10.5 沿岸域に及ぼす地球温暖化の影響

二酸化炭素（CO_2）をはじめとする温室効果ガスの増加に起因する**地球温暖化**（global warming）は，大小さまざまな規模で気象や海象に影響を与える．地球温暖化の原因は，温室効果ガスの増大に伴い，地表から約十数キロメートルの範囲に位置する対流圏で，地表からの輻射エネルギーの捕捉率が大きくなることである．

地球温暖化が沿岸域に及ぼす影響として，海水の熱膨張，山岳氷河・大陸の氷床の融解による海面上昇が挙げられる[8]．海面上昇によって，低地・湿地の消失や汀線の後退，河川や地下水の水位の変化が生じ，水の塩分濃度も変化することが予想される．地球温暖化は地球上の気候や水循環も変化させる．具体的には，気温の上昇によって海面や地表からの蒸発が活発化し，気圧や台風の特性に変化が生じる．風波や高潮のみならず，降雨・降雪，土壌水分や地下水の変化など，水文現象にも影響を与える．水温が上昇すると，サンゴ礁など沿岸域の生態系に大きな変化が生じ，食物連鎖が破綻する可能性が生じる．気候変動と海面上昇が相乗的に働くことで，沿岸域での浸水の被害および危険性が増大するとともに，低地や湿地の生態系が破壊されることも考えられる．これ

10.5 沿岸域に及ぼす地球温暖化の影響

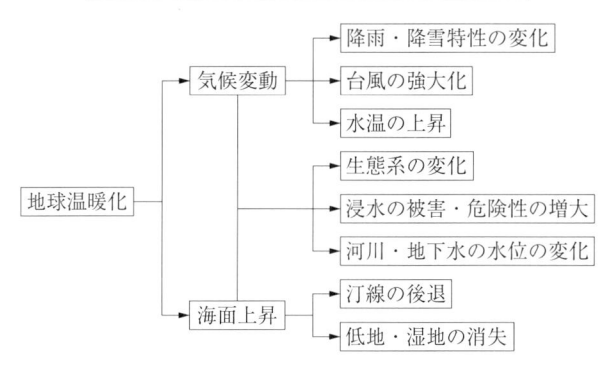

```
地球温暖化 ┬─ 気候変動 ┬─ 降雨・降雪特性の変化
          │          ├─ 台風の強大化
          │          └─ 水温の上昇
          │        ┌─ 生態系の変化
          │        ├─ 浸水の被害・危険性の増大
          │        └─ 河川・地下水の水位の変化
          └─ 海面上昇 ┬─ 汀線の後退
                     └─ 低地・湿地の消失
```

図 10.18 沿岸域に及ぼす地球温暖化の影響

らの変化を図 10.18 にまとめて示す。局所的な現象としては，近年，大都市域で顕在化しているヒートアイランド現象，地下水の過剰なくみ上げによる地下水位の低下とそれに伴う地盤沈下などが挙げられる。

　地球温暖化への対策としては，温暖化を抑制する**緩和策**（mitigation）と温暖化への**適応策**（adaptation）の二つに大別される。緩和策は，地球温暖化の原因となる温室効果ガスの排出を削減して地球温暖化の進行を食い止め，大気中の温室効果ガスの濃度を安定させる方策である。これは地球温暖化の根本的な解決に向けた対策といえるが，温室効果ガスは大気中での滞留時間が長く，効果が現れるまでに長い期間を要する。適応策は，気候の変動やそれに伴う気温や海面の上昇などに対して，人や社会・経済のシステムを調節することで影響を軽減しようとする策である。現在，温室効果ガスの削減目標について国家間の調整が難航しており，気候変動や海面上昇に対する適応策の重要性が増している。

　沿岸構造物はその建設や解体に多量のエネルギーを消費している。資材の調達や維持管理も考慮すると，温室効果ガスの削減に対して沿岸域工学の担うべき役割は大きい。多くの社会資本は長時間のスケールを有しているため，計画の段階から対策に取り組むことが重要である。

演習問題

〔**10.1**〕 沿岸域の環境に及ぼす地球温暖化の影響について整理せよ。

〔**10.2**〕 沿岸域に関する環境アセスメントの事例を一つ取り上げ，その具体的な方策をまとめよ。

〔**10.3**〕 沿岸構造物に関するアセットマネジメントの取り組みについて調べよ。

引用・参考文献

1章

1) 土木学会海岸工学委員会：日本の海岸とみなと 第2集，土木学会 (1994)
2) 国土交通省水管理・国土保全局：海岸統計 令和5年度版 (2023)
   https://www.mlit.go.jp/statistics/details/content/001731293.pdf（2025年1月現在）
3) 地震調査研究推進本部地震調査委員会：長期評価による地震発生確率値の更新について（平成24年1月11日）
   http://www.jishin.go.jp/main/chousa/12jan_kakuritsu/index.htm (2013年3月現在)
4) 内閣府：南海トラフの巨大地震モデル検討会
   http://www.bousai.go.jp/jishin/chubou/nankai_trough/nankai_trough_top.html (2013年3月現在)

2章

1) Kinsman, B.：Wind waves, p.676, Prentice Hall (1965)
2) 土木学会水理委員会：水理公式集 平成11年版，p.713，土木学会 (1999)
3) 堀川清司：新編 海岸工学，p.384，東京大学出版会 (1991)
4) 土木学会海岸工学委員会：海岸施設設計便覧，p.582，土木学会 (2000)
5) 岩垣雄一：最新 海岸工学，p.250，森北出版 (1987)
6) 合田良実：波浪の非線型性とその記述パラメーター，土木学会 第30回海岸工学講演会講演集，pp.39-43 (1983)

3章

1) 合田良実：増補改訂 港湾構造物の耐波設計 ― 波浪工学への序説，p.237，鹿島出版会 (1982)
2) Wilson, W. S.：A method for calculating and plotting surface wave rays, Tech. Memo., No.17, U. S. Army, Coastal Engineering Research Center (1966)
3) 土木学会水理委員会：水理公式集 平成11年版，p.713，土木学会 (1999)
4) Galvin, C. J.：Breakwater type classification on three laboratory beaches, J. Geophys. Res., Vol.73, pp.3651-3656 (1968)

5) 川崎浩司, 袴田充哉：3次元固気液多相乱流数値モデル DOLPHIN-3D の開発と波作用下での漂流物の動的解析, 海岸工学論文集, Vol. 54, pp. 31-35 (2007)
6) Yamada, H.：On the highest solitary waves, Rep. Res. Inst. Appl. Mech., Kyushu Univ., Vol. 5, pp. 53-67 (1957)
7) 合田良実：砕波指標の整理について, 土木学会論文報告集, No. 180 (1970)

4 章

1) Sverdrup, H. U. and Munk, W. H.：Wind, sea and swell, theory of relations for forecasting, U. S. Navy Hydrographic Office, No. 601 (1947)
2) Longuet-Higgins, M. S.：On the statistical distribution of the heights of sea waves, J. Marine Res., Vol. 11, No. 3 (1952)
3) 合田良実：浅海域における波浪の砕波変形, 港湾技術研究所報告, Vol. 14, No. 3, pp. 59-106 (1975)
4) Bretschneider, C. L.：Wave variability and wave spectra for wind-generated gravity waves, Beach Erosion Board, Tech. Memo., No. 118 (1959)
5) 合田良実, 永井康平：波浪の統計的性質に関する調査・解析, 港湾技術研究所報告, Vol. 13, No. 1, pp. 3-37 (1974)
6) Neumann, G.：On ocean wave spectra and a new method of forecasting wind generated sea, Beach Erosion Board, Tech. Memo., No. 32 (1953)
7) Pierson, W. G. and Moskowitz, L.：A proposed spectral form for fully developed wind seas based on the similarity theory of S. A. Kitaigordskii, J. Geophys. Res., Vol. 69, No. 24, pp. 5181-5190 (1952)
8) Bretschneider, C. L.：Significant waves and wave spectrum, Fundamentals in Ocean Engineering-Part 7, Ocean Industry, pp. 40-46 (1968)
9) 光易 恒：風波のスペクトルの発達 (2) — 有限な吹送距離における風波のスペクトル形について, 土木学会 第 17 回海岸工学講演会講演集, pp. 1-7 (1970)
10) Hasselmann, K.：Measurements of wind wave growth and swell decay during the Joint North Sea Wave Project (JONSWAP), Deutsches Hydrogr. Inst., Ergänzungscheft, Vol. 13, No. A (1973)
11) Mitsuyasu, H., et al.：Observation of the directional spectrum of ocean waves using a cloverleaf buoy, J. Phys. Oceano., Vol. 5, pp. 750-760 (1975)
12) 合田良実, 鈴木康正：光易型方向スペクトルによる不規則波の屈折・回折計算, 港湾技研資料, No. 230, p. 45 (1975)

13) Phillips, O. M.：On the generation of waves by turbulent wind, J. Fluid Mech., Vol. 2, pp. 417-445 (1957)
14) Miles, J. M.：On the generation of surface waves by shear flow, J. Fluid Mech., Vol. 3, No. 2, pp. 185-204 (1957)
15) Miles, J. M.：On the generation of surface waves by turbulent shear flow, J. Fluid Mech., Vol. 7, No. 3, pp. 469-478 (1960)
16) Phillips, O. M.：The equilibrium range in the spectrum of wind-generated waves, J. Fluid Mech., Vol. 4, pp. 426-434 (1958)
17) 土木学会水理委員会：水理公式集 平成11年版, pp. 449-456, p. 713, 土木学会 (1999)
18) Bretschneider, C. L.：The generation and decay of wind waves in deep water, Trans. AGU, Vol. 33, No. 3, pp. 381-389 (1952)
19) Wilson, B. W.：Graphical approach to the forecasting of waves in moving fetches, Beach Erosion Board, Tech. Memo., No. 73 (1955)

5章

1) 堀川清司：新編 海岸工学, p. 384, 東京大学出版会 (1991)
2) Ippen, A. T. and Goda, Y.：Wave induced oscillations in harbors, MIT Tech. Report, No. 59 (1963)
3) Mansinha, L. and Smylie, D. E.：The displacement fields of inclined faults, Bulletin of the Seismological Society of America, Vol. 61, No. 5, pp. 1433-1440 (1971)
4) Okada, Y.：Surface deformation due to shear and tensile faults in a half-space, Bulletin of the Seismological Society of America, Vol. 75, No. 4, pp. 1135-1154 (1985)
5) 川崎浩司：日本混相流学会混相流レクチャーシリーズ37 津波浸水と津波漂流物に関する数値解析, pp. 1-12 (2012)
6) 中部建設協会 編：伊勢湾台風50年誌, p. 6, 中部建設協会 (2009)
7) 和達清夫 編：防災科学技術シリーズ2 津波・高潮・海洋災害, p. 209, 共立出版 (1970)
8) 川崎浩司, 丹羽竜也, 水谷法美：高波の影響を考慮した高潮・高波氾濫モデルの構築とその精度検証, 土木学会論文集B2 (海岸工学), Vol. 66, No. 1, pp. 196-200 (2010)

6章

1) 気象庁：(海洋の健康診断表 総合診断表) 2.2.2 黒潮 (平成19年1月31日) http://www.data.kishou.go.jp/kaiyou/shindan/sougou/html/2.2.2.html (2013年3月現在)
2) Longuet-Higgins, M. S. and Stewart, R. W.：Radiation stress and mass transport in gravity waves, with application to surf beat, J. Fluid Mechanics, Vol. 13, pp. 481-504 (1962)
3) Longuet-Higgins, M. S.：Longshore currents generated by obliquely incident waves, J. Geophys. Res., Vol. 75, No. 33, pp. 6778-6801 (1970)
4) Ekman, V. W.：On the influence of the earth's rotation on ocean currents, Arch. Math. Astron. Phys., Band 2, No. 11, pp. 1-52 (1905)
5) UNESCO：Tenth report of the joint panel on oceanographic tables and standards, UNESCO Technical Papers in Marine Science, No. 36 (1981)

7章

1) 岩田好一朗，水谷法美，青木伸一，村上和男，関口秀夫：役にたつ土木工学シリーズ1 海岸環境工学, p. 173, 朝倉書店 (1991)
2) Isaacson, M. Q.：Wave induced forces in the diffraction regime, Mechanics of wave-induced forces on cylinders, ed. Shaw, T. L., pp. 68-89, Pitman (1979)
3) Morison, J. R., O'Brien, M. P., Johnson, J. W. and Shaaf, S. A.：The wave forces exerted by surface wave on piles, Petroleum Trans., AIME, Vol. 189, pp. 149-157 (1950)
4) MacCamy, R. C. and Fuchs, R. A.：Wave forces on piles; A diffraction theory, Beach Erosion Board, Tech. Memo., No. 69, pp. 1-7 (1954)
5) Coastal Engineering Research Center：Shore protection manual, Vol. II, pp. 7_161-7_180 (1975)
6) 合田良実：増補改訂 港湾構造物の耐波設計―波浪工学への序説, p. 237, 鹿島出版会 (1982)
7) 窪内 篤, 関口信一郎：小樽築港の課題―廣井式の導出過程とその適用の歴史, 海洋開発論文集, Vol. 21, pp. 7-12 (2005)
8) 経済調査会：近代港湾の父 廣井勇が礎を築いた小樽港 北海道小樽市, 建設マネジメント技術, 2009年3月号, pp. 60-61 (2009)

9) 椹木　亨，出口一郎：新編　海岸工学，p. 225，共立出版 (1996)
10) Irribarren, C. R. : A Formula for the calculation of Rock-fill Dikes, translated by Heinrich D., Technical Report, HE-116-295, Fluid Mech. Lab., Univ. of California (1948)
11) Hudson, R. Y. : Laboratory investigation of rubble-mound breakwater, Proc. ASCE, Vol. 85 (WW3), pp. 93-121 (1959)
12) Brebner, A. and Donnelly, D. : Laboratory study of rubble foundation for vertical breakwater, Proc. 8th Int. Conf. on Coastal Eng., pp. 408-429 (1962)
13) Isbash, S. V. : Construction of dams by dumping stones in flowing water, translated by Dorijikow, A., U.S. Army Engineer District, Eastport, ME, Report (1935)
14) Isbash, S. V. : Construction of dams by depositing rock in running water, transactions, Second congress on large dams, U. S. Government Report, No. 3, Washington D.C. (1936)
15) Saville, T. Jr. : Wave runup on composite slopes, Proc. 6th Int. Conf. on Coastal Eng., pp. 691-699 (1958)
16) 椹木　亨，柳　青魯，大西明徳：捨石防波堤斜面上の共振現象による破壊機構，土木学会 第 29 回海岸工学講演会講演集，pp. 428-432 (1982)
17) 土木学会水理委員会：水理公式集 平成 11 年度版，p. 713，土木学会 (1999)
18) 合田良実：防波護岸の越波流量に関する研究，港湾技術研究所報告，Vol. 9, No. 4, pp. 3-42 (1970)
19) 合田良実，岸良安治，神山　豊：不規則波による防波護岸の越波流量に関する実験的研究，港湾技術研究所報告，Vol. 14, No. 4, pp. 3-44 (1976)

8 章

1) 土木学会水理委員会：水理公式集 平成 11 年版，p. 713，土木学会 (1999)
2) 石原藤次郎，椹木　亨：漂砂の移動限界流速 — 限界水深及び移動量について，土木学会 第 7 回海岸工学講演会講演集，pp. 47-57 (1974)
3) 佐藤昭二，田中則男：水平床における波による砂移動について，土木学会 第 9 回海岸工学講演会講演集，pp. 95-100 (1962)
4) 佐藤昭二：漂砂，1966 年度水工学に関する夏期研修会講義集，pp. 19_1-19_29 (1966)
5) Caldwell, J. M. : Wave action and sand movement near anaheim bay, Cali-

fornia, Beach Erosion Board, Tech. Memo., No. 68 (1956)
6) Inman, D. L. and Bagnold, R. A.：Littoral process, The sea, ed. Hill, M. M., pp. 529-553, Interscience (1963)
7) Longuet-Higgins, M. S.：Longshore currents generated by obliquely incident waves, J. Geophys. Res., Vol. 75, No. 33, pp. 6778-6801 (1970)
8) Komer, P. D.：Beach processes and sedimentation, Prentice Hall (1977)
9) Savage, R. P.：Laboratory data on wave run-up on roughened and permeable slopes, Beach Erosion Broad, Tech. Memo., No. 109, pp. 1-26 (1959)
10) 井島武士, 佐藤昭二, 青野 尚, 石井晃一：渥美湾福江海岸の波と漂砂の特性, 土木学会 第7回海岸工学講演会講演集, pp. 69-79 (1960)
11) 小笹博昭, Brampton, A. H.：護岸のある海浜の汀線変化数値計算, 港湾技術研究所報告, Vol. 18, No. 4, pp. 77-103 (1979)
12) Madsen, O. S. and Grant, W. D.：Quantitative description of sediment transport by waves, Proc. 15th Int. Conf. on Coastal Eng., pp. 1093-1112 (1977)
13) 熊田貴之, 小林昭男, 宇多高明, 芹沢真澄, 星上幸良, 増田光一：混合粒径砂の分級過程を考慮した海浜変形モデルの開発, 海岸工学論文集, Vol. 49, pp. 476-480 (2002)
14) 堀川清司 編：海岸環境工学, 海岸過程の理論・観測・予測方法, p. 528, 東京大学出版会 (1985)
15) 宇多高明, 河野茂樹：海浜変形予測のための等深線変化モデルの開発, 土木学会論文集, No. 539/II-35, pp. 121-139 (1996)
16) 土木学会海岸工学委員会研究現況レビュー小委員会：漂砂環境の創造に向けて, p. 359, 土木学会 (1998)
17) 土木学会海岸工学委員会研究現況レビュー小委員会：海岸波動, 平面波動場の計算法, 第I編, pp. 1-141 (1994)
18) 渡辺 晃, 丸山康樹, 清水隆夫, 榊山 勉：構造物設置に伴う三次元海浜変形の数値予測モデル, 土木学会 第31回海岸工学講演会講演集, pp. 406-410 (1984)

9章

1) 有田正光, 池田裕一, 中井正則, 中村由行, 道奥康治, 村上和男：水圏の環境, p. 404, 東京電機大学出版局 (1998)
2) 運輸省港湾局 監修, エコポート (海域) 技術WG 編：港湾における干潟との共生マニュアル, p. 138, 港湾空間高度化センター・港湾・海域環境研究所 (1998)

引用・参考文献

3) 国土交通省港湾局 監修，海の自然再生ワーキンググループ 著：海の自然再生ハンドブック — その計画・技術・実践，第3巻 藻場編，p. 110 (2003)
4) 水産庁漁港部 編：自然調和型漁港づくり技術マニュアル — 藻場機能の付加（技術資料），p. 59 (1999)
5) Parker, D. S., Norris, D. P. and Nelson, A. W.：Tidal exchange at golden gate, J. Sanit. Engrg. Div., ASCE, Vol. 98, No. 2, pp. 305-323 (1972)
6) 平野敏行：沿岸の環境圏，p. 1597，フジ・テクノシステム (1998)
7) 鈴木一輝，川崎浩司：出水による伊勢湾の水質構造の変化特性に関する数値的検討，平成22年度土木学会中部支部研究発表会，II-49，pp. 177-178 (2010)

10章

1) 国土交通省水管理・国土保全局：海岸侵食とその対策 (2007年)
   http://www.mlit.go.jp/river/kaigan/main/kaigandukuri/sugata04_01.html (2013年3月現在)
2) 土木学会海岸工学委員会：日本の海岸とみなと 第2集，土木学会 (1994)
3) 国土交通省河川局海岸室：美しく，安全で，いきいきした海岸を目指して — 平成20年度海岸事業予算概算要求概要（平成19年8月）
   http://www.mlit.go.jp/river/basic_info/yosan/kaigandukuri/h20gaisan/h20gaisan.pdf (2013年3月現在)
4) 国土交通省水管理・国土保全局：海岸統計 令和5年度版 (2023)
   https://www.mlit.go.jp/statistics/details/content/001731293.pdf（2025年1月現在）
5) 岩田好一朗，水谷法美，青木伸一，村上和男，関口秀夫：役にたつ土木工学シリーズ1 海岸環境工学，p. 173，朝倉書店 (1991)
6) 環境影響評価技術検討会 編：環境アセスメント技術ガイド 生態系，p. 277，自然環境研究センター (2002)
7) 堀江岳人，古川恵太，岡田知也：海辺の自然再生の推進に向けた概念モデル化の提案および事例によるモデル例の作成，国土技術政策総合研究所資料，No. 587，pp. 1-31 (2010)
8) 土木学会海岸工学委員会地球環境問題研究小委員会：地球温暖化の沿岸影響 — 海面上昇・気候変動の実態・影響・対応戦略，p. 221，土木学会 (1994)

演習問題解答

2章

〔**2.1**〕 式 (2.25) を式 (2.20) に代入して整理すると,次式が得られる.

$$\frac{1}{Z}\frac{\partial^2 Z}{\partial z^2} = -\frac{1}{X}\frac{\partial^2 X}{\partial x^2}$$

上式で,左辺は z のみの関数,右辺は x のみの関数となっている.よって,任意の x, z において等号が成り立つには,両辺の値が定数でなければならない.これを便宜上 k^2 とおくと,つぎの微分方程式を得る.

$$\frac{\partial^2 X}{\partial x^2} + k^2 X = 0, \qquad \frac{\partial^2 Z}{\partial z^2} - k^2 Z = 0$$

これらの一般解を求めて式 (2.25) に代入すると,次式となる.

$$\phi = \left(Ae^{ikx} + Be^{-ikx}\right)\left(Ce^{kz} + De^{-kz}\right)e^{-i\sigma t}$$

上式は x 方向の進行波であり,式 (2.26) のように $(kx - \sigma t)$ の形をとる必要がある.よって,$B = 0$ となり,上式は以下のように書き直せる.

$$\phi = Ae^{i(kx - \sigma t)}\left(Ce^{kz} + De^{-kz}\right)$$

上式に式 (2.24) の境界条件を適用すると,次式となる.

$$\left.\frac{\partial \phi}{\partial z}\right|_{z=-h} = kAe^{i(kx - \sigma t)}\left(Ce^{-kh} - De^{kh}\right) = 0$$

したがって,$C = De^{2kh}$ となり,ϕ は次式で表される.

$$\phi = ADe^{kh}e^{i(kx - \sigma t)}\left\{e^{k(h+z)} + e^{-k(h+z)}\right\} = Ee^{i(kx - \sigma t)}\left\{e^{k(h+z)} + e^{-k(h+z)}\right\}$$

ここで,$E = ADe^{kh}$ である.

式 (2.26) と上式の実部を式 (2.21) に代入すると,次式が得られる.

$$E = \frac{a\sigma}{k\left(e^{kh} - e^{-kh}\right)\cos(kx - \sigma t)}\sin(kx - \sigma t)$$

上式と $a = H/2$ を用いることで,速度ポテンシャル ϕ の実部は以下のようになる.

$$\phi = \frac{H\sigma}{2k}\frac{e^{k(h+z)} + e^{-k(h+z)}}{e^{kh} - e^{-kh}}\sin(kx - \sigma t) = \frac{H\sigma}{2k}\frac{\cosh k(h+z)}{\sinh kh}\sin(kx - \sigma t)$$

また,上式を式 (2.23) に代入することにより,分散関係式(式 (2.29))が求められる.

演 習 問 題 解 答

[**2.2**] 式 (2.26), (2.66) より, つぎのようになる。

$$E_p = \frac{1}{L}\int_{-L/2}^{L/2}\left(\int_0^\eta \rho g z\, dz\right)dx = \frac{1}{L}\rho g\int_{-L/2}^{L/2}\left(\int_0^{a\cos(kx-\sigma t)} z\, dz\right)dx$$

$$= \frac{1}{L}\rho g\int_{-L/2}^{L/2}\frac{H^2}{8}\cos^2(kx-\sigma t)\, dx = \frac{1}{16}\rho g H^2$$

式 (2.33), (2.34) に示す微小振幅波の流速 u, w を式 (2.67) に代入すると, つぎのようになる。

$$E_k = \frac{1}{L}\int_{-L/2}^{L/2}\left\{\int_{-h}^{\eta}\frac{1}{2}\rho\left(u^2+w^2\right)dz\right\}dx$$

$$\fallingdotseq \frac{1}{L}\int_{-L/2}^{L/2}\left\{\int_{-h}^{0}\frac{1}{2}\rho\left(u^2+w^2\right)dz\right\}dx$$

$$= \frac{\rho\sigma^2}{8L}\frac{H^2}{\sinh^2 kh}\rho g\int_{-L/2}^{L/2}\left[\int_{-h}^{0}\left\{\cos^2(kx-\sigma t)+\sinh^2 k(h+z)\right\}dz\right]dx$$

$$= \frac{1}{16}\rho g H^2$$

[**2.3**] 式 (2.29) の両辺の対数をとって k で微分すると, つぎのようになる。

$$\frac{2}{\sigma}\frac{d\sigma}{dk} = \frac{1}{k} + \frac{1}{\tanh kh}\frac{h}{\cosh^2 kh}$$

$$= \frac{1}{k} + \frac{h}{\sinh kh\cosh kh}$$

$$= \frac{1}{k}\left(1 + \frac{kh}{\sinh 2kh}\right)$$

式 (2.30), (2.71) より, 次式を得る。

$$C_g = \frac{d\sigma}{dk} = \frac{1}{2}\left(1 + \frac{kh}{\sinh 2kh}\right)C$$

[**2.4**] 振幅 $a = H/2 = 0.6\,\text{m}$, $\sigma = 2\pi/T = 2\pi/8$, $L = CT = 6\times 8 = 48\,\text{m}$, $k = 2\pi/L = 2\pi/48$ である。

よって, 式 (2.26) より, 正弦波は以下のように書ける。

$$\eta = 0.6\cos 2\pi\left(\frac{x}{48}-\frac{t}{8}\right) = 0.6\cos\pi\left(\frac{x}{24}-\frac{t}{4}\right)$$

[**2.5**] 深海波であるので, 式 (2.57), (2.58) を用いて波長 L_0, 波速 C_0 を求める。この場合の波の周期 T は $60/10 = 6\,\text{s}$ となる。したがって, L_0, C_0 はつぎのように求められる。

$$L_0 = \frac{gT^2}{2\pi} = \frac{9.8 \times 6^2}{2 \times 3.14} = 56.2\,\mathrm{m}$$

$$C_0 = \frac{gT}{2\pi} = \frac{9.8 \times 6}{2 \times 3.14} = 9.4\,\mathrm{m/s}$$

深海波の群速度 C_g は，式 (2.73) より $C_g = C_0/2$ となるので，以下のように計算できる。

$$C_g = \frac{C_0}{2} = 4.7\,\mathrm{m/s}$$

式 (2.77) より，波エネルギーの輸送量 W を求めると，つぎのようになる。

$$W = EC_g = \frac{1}{8}\rho g H^2 C_g = \frac{1}{8} \times 1\,000 \times 9.8 \times 1.2^2 \times 4.7 = 8\,291\,\mathrm{kg \cdot m/s^3}$$

〔**2.6**〕 収束条件を $|(L_2 - L_1)/L_1| < \varepsilon$（例えば $\varepsilon = 0.000\,1$）とした場合の計算フローチャートの一例を**解図 2.1** に示す。

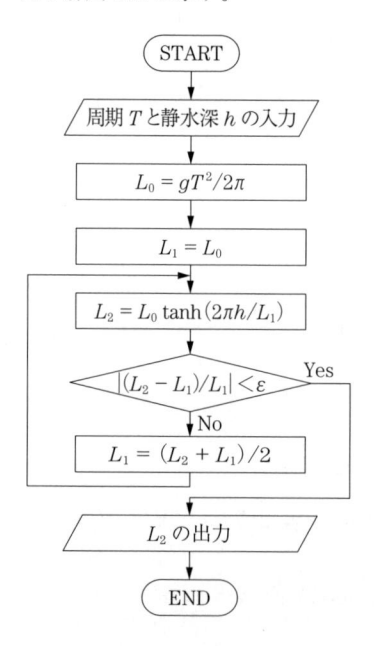

解図 2.1

3 章

〔**3.1**〕 部分重複波の波形は入射波と反射波の波形の和であり，式 (3.13) より，つぎのようになる。

$$\eta = \eta_i + \eta_r = \frac{H_i}{2}\cos(kx - \sigma t) + \frac{H_r}{2}\cos(kx - \sigma t)$$
$$= \frac{H_i + H_r}{2}\cos kx \cos \sigma t + \frac{H_i - H_r}{2}\sin kx \sin \sigma t$$

ここで，$H_{\max} = H_i + H_r$，$H_{\min} = H_i - H_r$，$K_R = H_r/H_i$ であるので，以下のように，$H_{\max}$ と $H_{\min}$ を求めることができる．

$$H_{\max} = H_i\left(1 + \frac{H_r}{H_i}\right) = (1 + K_R)H_i$$
$$H_{\min} = H_i\left(1 - \frac{H_r}{H_i}\right) = (1 - K_R)H_i$$

〔**3.2**〕 式 (3.19) から，以下のように K_R を求められる．

$$K_R = \frac{H_{\max} - H_{\min}}{H_{\max} + H_{\min}} = \frac{3.2 - 1.0}{3.2 + 1.0} = 0.52$$

〔**3.3**〕 式 (2.57) より，沖波の波長は $L_0 = 224.7\,\mathrm{m}$，さらに，三つの水深 $20\,\mathrm{m}$，$10\,\mathrm{m}$，$5\,\mathrm{m}$ での h/L_0 はそれぞれ，0.089，0.045，0.022 となる．図 3.9 を用いて沖波の波向き角 θ_0 と屈折後の波向き角 θ の差，および屈折係数 K_r を読み取るとそれぞれ，$14°$，$21°$，$26°$ および 0.92，0.90，0.88 となる．よって，三つの水深での入射角は $26°$，$19°$，$14°$ となる．

図 3.3 より，おのおのの水深での K_s は，0.9，1.05，1.13 と読み取れる．$H = K_s K_r H_0$ であるので，三つの水深 $20\,\mathrm{m}$，$10\,\mathrm{m}$，$5\,\mathrm{m}$ での波高 H はそれぞれ，$2.48\,\mathrm{m}$，$2.84\,\mathrm{m}$，$2.98\,\mathrm{m}$ となる．

4 章

〔**4.1**〕 (1) 6 時において，風速 $U_{10} = 10\,\mathrm{m/s}$ と吹送距離 $F = 250\,\mathrm{km}$ の組み合わせに対して，$H = 1.9\,\mathrm{m/s}$，$T = 5.7\,\mathrm{s}$ を得る．一方，風速 $U_{10} = 10\,\mathrm{m/s}$ と吹送時間 $t = 6\,\mathrm{h}$ の組み合わせに対して，$H = 1.2\,\mathrm{m/s}$，$T = 4.2\,\mathrm{s}$ を得る．したがって，推算波はこれらのうち波高の小さいほうの $H_1 = 1.2\,\mathrm{m/s}$，$T_1 = 4.2\,\mathrm{s}$ である．

(2) 6 時における推算波の値を等エネルギー線に沿って移動させると，$U_{10} = 20\,\mathrm{m/s}$ に対応する最小吹送時間は $1.3\,\mathrm{h}$ となる．よって，12 時における有効吹送時間は $6 + 1.3 = 7.3\,\mathrm{h}$ となる．$U_{10} = 20\,\mathrm{m/s}$，$F = 400\,\mathrm{km}$，$t = 7.3\,\mathrm{h}$ に対して有義波を求めると，吹送時間によって規定され，$H_2 = 3.8\,\mathrm{m/s}$，$T_2 = 7.2\,\mathrm{s}$ を得る．

(3) 12 時における推算波の値を等エネルギー線に沿って移動させると，$U_{10} = 30\,\mathrm{m/s}$ に対応する最小吹送時間は $3\,\mathrm{h}$ となる．よって，15 時における有効吹送時間は $3 + 3 = 6\,\mathrm{h}$ となる．$U_{10} = 30\,\mathrm{m/s}$，$F = 100\,\mathrm{km}$，$t = 6\,\mathrm{h}$ に対して有義波を求めると，吹送距離によって規定され，$H_3 = 6.0\,\mathrm{m/s}$，$T_3 = 8.6\,\mathrm{s}$ を得る．

〔4.2〕 光易のスペクトルを用いて式 (4.13) を書き直すと，つぎのようになる。

$$m_0 = \int_0^\infty E(f)\,df = 0.257\,\frac{(H_{1/3})^2}{(T_{1/3})^4} \int_0^\infty \frac{1}{f^5} \exp\left\{-\frac{1.03}{(T_{1/3}f)^4}\right\} df$$

$t = 1/f^4$ とおいて置換積分をすると，つぎのようになる。

$$m_0 = 0.257\,\frac{(H_{1/3})^2}{(T_{1/3})^4} \int_\infty^0 \left[-\frac{1}{4}\exp\left\{-\frac{1.03\,t}{(T_{1/3})^4}\right\}\right] dt$$

$$= 0.257\,(H_{1/3})^2 \left[\frac{1}{4\times 1.03}\exp\left\{-\frac{1.03\,t}{(T_{1/3})^4}\right\}\right]_\infty^0$$

$$= \frac{0.257}{4\times 1.03}\,(H_{1/3})^2$$

したがって，$H_{1/3} \fallingdotseq 4.004\sqrt{m_0}$ を得る。

〔4.3〕 ピーク周波数 f_p を求めるには光易のスペクトルの式の極大値を求めればよい。したがって，同式を f で微分して 0 とおいた式を満足する f を求めると，つぎのようになる。

$$-\frac{5}{f^6}\exp\left\{-\frac{1.03}{(T_{1/3})^4 f^4}\right\} + \frac{1.03}{f^5}\,\frac{4}{(T_{1/3})^4 f^5}\exp\left\{-\frac{1.03}{(T_{1/3})^4 f^4}\right\} = 0$$

$$T_{1/3}f = \left(\frac{1.03\times 4}{5}\right)^{\frac{1}{4}} = \frac{1}{1.05}$$

したがって

$$f_p = \frac{1}{1.05\,T_{1/3}}$$

5 章

〔5.1〕 断面 1 と断面 2 を通過する輸送エネルギーの保存を考えると，式 (3.20) と同様の式が成り立つ。

$$E_1\,C_{g1}\,b_1 = E_2\,C_{g2}\,b_2$$

$E = (1/8)\rho g H^2$ であるので，上式はつぎのようになる。

$$H_1^2\,C_{g1}\,b_1 = H_2^2\,C_{g2}\,b_2$$

$$\left(\frac{H_2}{H_1}\right)^2 = \frac{C_{g1}}{C_{g2}}\,\frac{b_1}{b_2}$$

$$\frac{H_2}{H_1} = \left(\frac{C_{g1}}{C_{g2}}\right)^{\frac{1}{2}}\left(\frac{b_1}{b_2}\right)^{\frac{1}{2}}$$

長波の群速度は $C_g = C = \sqrt{gh}$ であるので，上式はつぎのようにまとめることができる．

$$\frac{H_2}{H_1} = \left(\frac{h_1}{h_2}\right)^{\frac{1}{4}} \left(\frac{b_1}{b_2}\right)^{\frac{1}{2}}$$

〔**5.2**〕 津波は長波であるので，式 (2.65) より波速は $C = \sqrt{gh}$ となる．与えられた数値を代入すると，つぎのようになる．

$$C = \sqrt{gh} = \sqrt{9.8 \times 100} = 31.30 \text{ m/s}$$

水粒子速度 u は，式 (2.26), (2.30), (2.60), (2.65) より，次式で表される．

$$u = \sqrt{\frac{g}{h}}\eta$$

よって，最大水平方向流速 $u_{\max}$ はつぎのようになる．

$$u_{\max} = \sqrt{\frac{g}{h}}\frac{H}{2} = \sqrt{\frac{9.8}{100}} \times \frac{2}{2} = 0.31 \text{ m/s}$$

〔**5.3**〕 式 (5.39) に各地点の水深，水路幅を代入して波高を計算すればよい．

$$\frac{H_2}{H_1} = \left(\frac{h_1}{h_2}\right)^{\frac{1}{4}} \left(\frac{b_1}{b_2}\right)^{\frac{1}{2}} = \left(\frac{10}{6}\right)^{\frac{1}{4}} \left(\frac{60}{40}\right)^{\frac{1}{2}} = 1.39$$

よって，波高は 1.39 倍になる．

6 章

〔**6.1**〕 平均水位 $\overline{\eta}$ の基本式は次式（式 (6.10)）で与えられる．

$$\frac{\partial \overline{\eta}}{\partial x} = -\frac{1}{\rho g h}\frac{\partial S_{xx}}{\partial x}$$

式 (6.5) および $C_g = \partial \sigma/\partial k$ の関係を用いると，次式のように変形することができる．

$$S_{xx} = E\left(\frac{2C_g}{C} - \frac{1}{2}\right) = W\left(\frac{2}{C} - \frac{1}{2C_g}\right) = \sigma W\left(\frac{2k}{\sigma^2} - \frac{\partial k}{\partial \sigma^2}\right)$$

ここで，$W = EC_g$ である．

便宜上，つぎのような変数変換を行う．

$$\frac{\sigma^2 h}{g} = \zeta, \qquad kh = \xi$$

上式の関係を用いると，分散関係式（式 (2.29)）はつぎのように変換できる．

$$\zeta = \xi \tanh \xi$$

したがって，ラディエーション応力 S_{xx} は次式のように書き直せる．

$$S_{xx} = \frac{\sigma W}{g}\left(\frac{2\xi}{\zeta} - \frac{\partial \xi}{\partial \zeta}\right)$$

$$d\overline{\eta} = -\frac{1}{\rho g h} dS_{xx} = \frac{\sigma^3 W}{\rho g^3} \frac{1}{\zeta} d\left(\frac{\partial \xi}{\partial \zeta} - \frac{2\xi}{\zeta}\right)$$

上式を積分して $\xi/\zeta = \coth \xi$ の関係を代入し，変数を k, h, σ^2 に直すと，平均水位が次式で表される．

$$\overline{\eta} = -\frac{1}{2}\frac{a^2 k}{\sinh 2kh} = -\frac{1}{8}\frac{H^2 k}{\sinh 2kh}$$

〔**6.2**〕 式 (5.37), (5.38) より，水深 h, 長さ a, 幅 b の完全に閉じた長方形水域，および一方向のみが開いた長方形水域における内部セイシュの周期 T_{sc}, T_{so} は以下のように書ける．

$$T_{sc} = \frac{1}{C'}\frac{2a}{m}$$

$$T_{so} = \frac{1}{C'}\frac{4a}{2m-1}$$

ここで，C' は表面長波の波速 $\sqrt{gh}$ である．

水域が成層化しているときの，完全に閉じた長方形水域，一方向のみが開いた長方形水域それぞれの内部セイシュの固有周期 T_{ic}, T_{io} は，C' を密度界面長波（内部長波）の波速 $C = \sqrt{g'h}$ で置き換えることにより，次式のようになる．

$$T_{ic} = \frac{1}{C}\frac{2a}{m} = \frac{1}{\sqrt{g'h}}\frac{2a}{m}$$

$$T_{io} = \frac{1}{C}\frac{4a}{2m-1} = \frac{1}{\sqrt{g'h}}\frac{4a}{2m-1}$$

ここで，g' は式 (6.30) からつぎのように求められる．

$$g' = \frac{\rho_1 - \rho_2}{\rho_1}g$$

$a = 100\,\text{m}$, $b = 100\,\text{m}$, $h = 10\,\text{m}$, $\rho_1 = 1\,000\,\text{kg/m}^3$, $\rho_2 = 990\,\text{kg/m}^3$, $m = 1$, $n = 0$, 重力加速度 $g = 9.8\,\text{m/s}^2$ を上式に代入すれば，内部セイシュの周期が求められる．

$$g' = \frac{1\,000 - 990}{1\,000} \times 9.8 = 9.8 \times 10^{-2}\,\text{m/s}^2$$

$$T_{ic} = \frac{1}{\sqrt{9.8 \times 10^{-2} \times 10}} \times 2 \times 100 = 202.0\,\text{s}$$

$$T_{io} = \frac{1}{\sqrt{9.8 \times 10^{-2} \times 10}} \times 4 \times 100 = 404.1\,\text{s}$$

〔**6.3**〕 微小振幅波理論に基づき，式 (2.31) より波長を求めると，$L = 73.6\,\text{m}$ となる（演習問題〔2.6〕参照）。よって，波数 $k = 2\pi/L = 2 \times 3.14/73.6 = 0.085$，角周波数 $\sigma = 2\pi/T = 2 \times 3.14/10 = 0.628$ と計算できる。これらの値を式 (2.78) に代入し，$\overline{U}$ を計算すればよい。

$$\overline{U} = \frac{1}{8} \times 2.0^2 \times 0.085 \times 0.628 \times \frac{\cosh(2 \times 0.085 \times (6+0))}{\sinh^2(0.085 \times 6)}$$

$$= 0.15\,\text{m/s}$$

7章

〔**7.1**〕 微小振幅波理論を用いて円柱に働く抗力 F_D，慣性力 F_M を記述すると，以下のように書ける。

$$F_D = C_D \frac{\rho g D H^2}{8} \left(1 + \frac{2kh}{\sinh 2kh}\right) \cos \sigma t\,|\cos \sigma t|$$

$$F_M = -C_M \frac{\rho \pi D^2}{8} H g \tanh kh \sin \sigma t$$

よって，抗力の最大値 $F_{D\,\text{max}}$，慣性力の最大値 $F_{M\,\text{max}}$ が次式で求められる。

$$F_{D\,\text{max}} = C_D \frac{\rho g D H^2}{8} \left(1 + \frac{2kh}{\sinh 2kh}\right)$$

$$F_{M\,\text{max}} = C_M \frac{\rho \pi D^2}{8} H g \tanh kh$$

与えられた数値を代入することにより，抗力と慣性力の最大値が求められる。なお，波長 L は繰返し計算により 40.8 m，k は 0.15 と計算できる。

$$F_{D\,\text{max}} = 1.0 \times \frac{1\,000 \times 9.8 \times 0.15 \times 2^2}{8} \times \left\{1 + \frac{2 \times 0.15 \times 6.0}{\sinh(2 \times 0.15 \times 6.0)}\right\}$$

$$= 1\,184.7\,\text{N}$$

$$F_{M\,\text{max}} = 2.0 \times \frac{1\,000 \times \pi \times 0.15^2}{8} \times 2 \times 9.8 \times \tanh(0.15 \times 6.0)$$

$$= 248.1\,\text{N}$$

〔**7.2**〕 波圧計算に必要な各種パラメータを求める。
- 水深および天端高

 $h = 10.0\,\text{m},\qquad h' = 7\,\text{m},\qquad d = 10 - 4.5 = 5.5\,\text{m},$
 $h_c = 3.5\,\text{m},\qquad h_0 = 9.2\,\text{m}$

- 波長および波高

$$L_0 = \frac{9.8}{2\pi}(T_{1/3})^2 = 224.6 \text{ m}$$

$L = 113.2 \text{ m}$ (微小振幅波理論，繰返し計算の結果)， $k = \dfrac{2\pi}{L} = 0.056$

$H_{\max} = 10 \text{ m}, \qquad H_{1/3} = 5.8 \text{ m}, \qquad T_{1/3} = 12 \text{ s}, \qquad \theta = 15 - 15 = 0°$

以上の値を用いて，式 (7.23) 〜 (7.30) より，波圧係数 $\alpha_1, \alpha_2, \alpha_3$，波圧の作用高 η^*，波圧強度 p_1, p_2, p_3, p_u を求める。

$$\alpha_1 = 0.93, \qquad \alpha_2 = 0.44, \qquad \alpha_3 = 0.90$$
$$\eta^* = 15.0 \text{ m}$$
$$p_1 = 134.3 \text{ kN/m}^2, \qquad p_2 = 115.7 \text{ kN/m}^2,$$
$$p_3 = 120.9 \text{ kN/m}^2, \qquad p_u = 40.1 \text{ kN/m}^2$$

いま，堤体天端の波圧を p_4 とおくと，つぎのように求められる。

$$p_4 = p_1\left(1 - \frac{h_c}{\eta^*}\right) = 103.0 \text{ kN/m}^2$$

したがって，水平波圧合力 P および堤体下端まわりの波力モーメント M_P はつぎのようになる。

$$\begin{aligned} P &= \frac{1}{2}(p_1 + p_4)h_c + \frac{1}{2}(p_1 + p_3)h' \\ &= 1\,308 \text{ kN/m} \\ M_P &= \frac{1}{6}(p_1 + 2p_4)h_c^2 + \frac{1}{2}(p_1 + p_4)h'h_c + \frac{1}{6}(2p_1 + p_3)h'^2 \\ &= 6\,783 \text{ kN·m/m} \end{aligned}$$

揚圧力の合力 U，揚圧力の堤体後趾まわりのモーメント M_U を求めると以下のようになる。ここで，B は岸沖方向の堤体の幅 15 m である。

$$U = \frac{1}{2}p_u B = 300.8 \text{ kN/m}$$
$$M_U = \frac{2}{3}UB = \frac{1}{3}p_u B^2 = 3\,008 \text{ kN·m/m}$$

〔**7.3**〕 ハドソン式 (式 (7.35)) に $H = 3.0$ m, $K_D = 2.5$ および 8.3, 密度 $2\,600 \text{ kg/m}^3$ および $2\,300 \text{ kg/m}^3$ を代入すると，捨石の安定重量は 4.0 t, 消波ブロックの安定重量は 2.0 t となる。

演 習 問 題 解 答

8章

〔**8.1**〕 $L_0 = gT^2/2\pi = 39.0\,\mathrm{m}$ であり，式 (8.6) を書き直すと次式のようになる。

$$H_{cr} = \frac{1}{A} L_0 \left(\frac{d}{L_0}\right)^m \sinh \frac{2\pi h_{cr}}{L_{cr}}$$

ここで，完全移動限界水深の場合は $A = 0.417$，$m = 1/3$ を用いる。

微小振幅波理論に基づいて，次式 (式 (2.31)) より L_{cr} を計算すると，$L_{cr} = 30.3\,\mathrm{m}$ となる。

$$L_{cr} = L_0 \tanh \frac{2\pi h_{cr}}{L_{cr}}$$

上記の値を用いて H_{cr} を求めると，以下のようになる。

$$H_{cr} = \frac{1}{0.417} \times 39.0 \times \left(\frac{0.15 \times 10^{-3}}{39.0}\right)^{\frac{1}{3}} \times \sinh \frac{2\pi \times 5}{30.3}$$

$$= 1.81\,\mathrm{m}$$

〔**8.2**〕 単位時間あたりの検査体積への砂の出入りと水深変化を考える（**解図 8.1**）。流入量，流出量はそれぞれ以下のようになる。

$$(流入量) = q_x dy + q_y dx$$

$$(流出量) = \left(q_x + \frac{\partial q_x}{\partial x}dx\right)dy + \left(q_y + \frac{\partial q_y}{\partial y}dy\right)dx$$

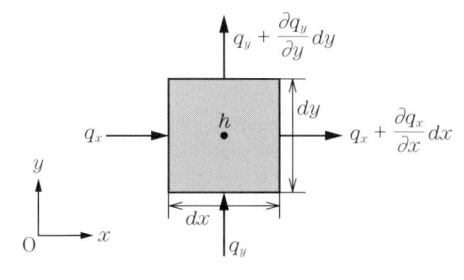

解図 8.1

検査体積内の砂量の時間変化はつぎのようになる。

$$(検査体積内の砂量の時間変化) = \frac{\partial}{\partial t}\{hdxdy(1-\lambda)\}$$

漂砂の連続の関係より，以下のようにまとめられる。

$$\left(q_x + \frac{\partial q_x}{\partial x}dx\right)dy + \left(q_y + \frac{\partial q_y}{\partial y}dy\right)dx - q_x dy - q_y dx$$

$$= \frac{\partial}{\partial t}\{h\,dx\,dy(1-\lambda)\}$$

$$\therefore \quad \frac{\partial h}{\partial t} = \frac{1}{1-\lambda}\left(\frac{\partial q_x}{\partial x} + \frac{\partial q_y}{\partial y}\right)$$

〔**8.3**〕 砕波点では波長が水深に対して十分長いので,輸送速度は $\sqrt{gh_b}$ と考えることができる。式 (8.13) より全沿岸漂砂量 Q_y を求めると,つぎのようになる。

$$Q_y = K(EC_g)_b \sin\theta_b \cos\theta_b = \frac{K}{2}(EC_g)_b \sin 2\theta_b$$

$$= \frac{K}{16}\rho g H_b^2 \sqrt{gh_b}\,\sin 2\theta_b$$

与えられた数値を代入して計算すると,つぎのようになる。

$$Q_y = \frac{3.0\times 10^{-5}}{16}\times 1\,000 \times 9.8 \times 1 \times 1.5^2 \times \sqrt{9.8\times 3.0}\times \sin(2\times 15°)$$

$$= 1.12\times 10^{-1}\text{ m}^3/\text{s}$$

$$= 9.68\times 10^3\text{ m}^3/\text{day}$$

索 引

【あ】

アーセル数
　Ursell number　15
青　潮
　blue tide　2, 155, 157
赤　潮
　red tide　2, 155, 156
浅　場
　shallow bottom　152
アセットマネジメント
　asset management　173
圧力応答係数
　pressure responce factor　26
安定係数
　stability factor　131
安定数
　stability number　132
安定成層
　stable stratification　114

【い】

イスバッシュ式
　Isbash formula　132
位置エネルギー
　potential energy　30
一日一回潮
　diurnal tide　81
一日二回潮
　semi-diurnal tide　81
移動限界
　limit of sediment movement　141
イリバレン式
　Irribarren formula　131

【う】

wave set-up　56, 107
wave set-down　56, 106

打ち上げ高さ
　runup height　132
うねり
　swell　15
運動エネルギー
　kinetic energy　31
運動学的境界条件
　kinetic boundary condition　18

【え】

栄養塩
　nutrient　151, 155
エクマン輸送
　Ekman transport　110
エクマンらせん
　Ekman spiral　110
SMB法
　SMB method　71
エスチュアリー循環
　estuary circulation　111
越　波
　wave overtopping　133
越波流量
　wave overtopping rate　134
越波量
　wave overtopping quantity　134
エネルギースペクトル
　energy spectrum　65
エネルギーの等分配則
　principle of equipartition of energy　31
沿岸域
　coastal zone　2, 3
沿岸域工学
　coastal zone engineering　3

沿岸海域
　coastal sea area　3
沿岸砂州
　longshore bar　140
沿岸漂砂
　longshore sediment transport　144
沿岸陸域
　coastal land area　3
沿岸流
　longshore current　104, 107
塩水くさび
　salt water wedge　111

【お】

オイラーの運動方程式
　Euler's equation of motion　16
大　潮
　spring tide　81

【か】

海　岸
　coast　3
海岸工学
　coastal engineering　3
海岸護岸
　coastal revetment　167
海岸線
　coastline　3
海岸堤防
　coastal dike　167
海岸法
　coast act　6
海水交換率
　tidal exchange rate　154
回折係数
　diffraction coefficient　52

索引

回折波
　diffracted wave　122
回避
　avoid　177
海浜変形
　beach deformation　146
海浜流
　nearshore current　100, 103
海浜流系
　nearshore current system　103
外部負荷
　external load　151
海流
　ocean current　100
化学的酸素要求量
　chemical oxygen demand　155
角周波数
　angular frequency　14
河口砂州
　river-mouth bar　138
河口密度流
　density current in estuary　111
カスプ
　cusp　139
仮想勾配法
　virtual slope method　132
仮想質量
　added mass　119
環境アセスメント
　environmental assessment　175
環境影響評価
　environmental impact assessment　175
環境影響評価法
　Environmental Impact Assessment Act　175
環境基本法
　environmental basic act　8

緩傾斜護岸
　gentle slope-type seawall　170
換算沖波波高
　equivalent deep-water wave height　47
慣性力
　inertia force　119
慣性力係数
　inertia coefficient　120
完全重複波
　standing wave　42
干潮
　low water　79
感潮域
　tidal area　79
緩和策
　mitigation　179

【き】

気圧傾度力
　pressure gradient force　94
岸沖漂砂
　cross-shore sediment transport　144
気象潮
　meteorological tide　91
規則波
　regular wave　22
期待越波流量
　expected overtopping rate　134
起潮力
　tide generating force　79
基本水準面
　chart datum level　83
共振
　resonance　85
矯正
　rectify　177
漁業法
　fisheries act　8

極浅海波
　very shallow water wave　15, 28
許容越波流量
　allowable wave overtopping rate　134

【く】

クーリガン・カーペンター数
　Keulegan-Carpenter number　121
崩れ波
　spilling breaker　53
砕け寄せ波
　surging breaker　54
屈折係数
　refraction coefficient　47
クノイド波
　Cnoidal wave　34
グリーンの法則
　Green's law　88
群速度
　group velocity　32, 34
群波
　group wave　32

【け】

軽減
　reduce　178
傾斜護岸
　sloping revetment　167
傾度風
　gradient wind　95
憩流
　slack water　102

【こ】

公海
　open sea　5
好気性分解
　aerobic decomposition　156
光合成
　photosynthesis　151

拘束波		
bound wave		23
合田式		
Goda formula		127
公有水面埋立法		
public water body reclamation act		7
恒　流		
permanent current		102
抗　力		
drag force		120
抗力係数		
drag coefficient		121
港湾法		
ports and harbors act		8
小　潮		
neap tide		82
コリオリ力		
Coriolis force		94
孤立波		
solitary wave		34
混成堤		
composite breakwater		127

【さ】

災害対策基本法		
disaster countermeasure basic act		7
最高波		
highest wave		60
最小化		
minimize		177
最小吹送距離		
minimum fetch		71
最小吹送時間		
minimum duration		70
砕　波		
wave breaking		39, 53
砕波帯		
surf zone		55
砕波帯相似パラメータ		
surf similarity parameter		55

さざ波		
ripple		15
砂　嘴		
sand spit		139
砂　州		
sand bar		138
砂　漣		
sand ripple		143
残差流		
residual current		102
サンドバイパス		
sand bypass		170
サンフルー式		
Sainflou formula		126
1/3 最大波		
highest one-third wave		61

【し】

シートフロー		
sheet flow		144
シールズ数		
Shields number		142
質量輸送		
mass transport		35, 104, 109
質量輸送速度		
mass transport velocity		35, 109
周　期		
wave period		14
自由波		
free wave		22
周波数		
frequency		14
周波数スペクトル		
frequency spectrum		63
1/10 最大波		
highest one-tenth wave		60
重力波		
gravity wave		15, 23

主要四分潮		
major four tidal components		82
植物プランクトン		
phytoplankton		151
食物連鎖		
food chain		151
シルテーション		
siltation		171
深海波		
deep water wave		15, 27
人工海浜		
artificial beach		170
人工リーフ		
artificial reef		168
浸水深		
inundation depth		89
親水性護岸		
amenity-oriented seawall		170
浸水高		
inundation height		89
振　幅		
wave amplitude		14

【す】

吸い上げ効果		
forerunner		92
水深波長比		
relative water depth		15
吹送距離		
fetch		70
吹送時間		
duration		70
吹送流		
wind-driven current		100, 109
スクリーニング		
screening		176
スコーピング		
scoping		176
捨石堤		
rubble mound breakwater		129

索 引

ストークスドリフト
　Stokes drift　35
ストークス波
　Stokes wave　34
スネルの法則
　Snell's law　49

【せ】

セイシュ
　seiche　85
成層化
　stratification　113
生物化学的酸素要求量
　biochemical oxygen demand　155
潟　湖
　lagoon　139
舌状砂州
　cuspate spit　139
摂動法
　perturbation method　35
ゼロアップクロス法
　zero-up-cross method　59
ゼロダウンクロス法
　zero-down-cross method　59
浅海波
　shallow water wave　15
前駆波
　forerunner　91
浅水係数
　shoaling coefficient　41
浅水変形
　wave shoaling　39
潜　堤
　submerged breakwater　129, 167, 169
線的防護方式
　simple shore protection system　9

【そ】

相対水深
　relative water depth　15

掃流漂砂
　bed load transport　143
速度ポテンシャル
　velocity potential　16
遡上高
　runup height　89

【た】

大規模地震対策特別措置法
　act on special measures concerning countermeasures against large-scale earthquake　7
代　償
　compensate　178
タイダルプリズム
　tidal prism　112, 154
代表波
　representative wave　59
大陸棚
　continental shelf　6
高　潮
　storm surge　91
脱　窒
　denitrification　164
ダランベールのパラドックス
　d'Alembert's paradox　120

【ち】

地球温暖化
　global warming　178
地衡風
　geostrophic wind　95
潮位偏差
　sea level departure from normal　92
潮　差
　tidal range　79
長周期波
　long-period wave　15, 75
潮　汐
　tide　79

潮汐残差流
　tidal residual current　103
長　波
　long wave　15, 28
長波理論
　long wave theory　75
潮　流
　tidal current　100, 101
潮流楕円
　current ellipse　102
調和分解
　harmonic analysis　82
直方向力
　in-line force　118
直立護岸
　upright seawall　166

【つ】

津　波
　tsunami　86

【て】

定形波
　permanent wave　29
定常波
　stationary wave　42
堤　防
　embankment　168
適応策
　adaptation　179
デトリタス
　detritus　152
天文潮
　astronomical tide　82
転　流
　turn of tide　102

【と】

東京湾平均海面
　Tokyo Peil　83
動物プランクトン
　zooplankton　151

索　引

突　堤
　　groin　169
トンボロ
　　tombolo　139, 169

【な】

内部セイシュ
　　internal seiche　115
内部波
　　internal wave　115
内部負荷
　　internal load　151
波
　　──の打ち上げ
　　wave runup　132
　　──のエネルギースペクトル密度
　　wave energy spectrum density　65
　　──の回折
　　wave diffraction　39, 50
　　──の屈折
　　wave refraction　39, 46
　　──の反射
　　wave reflection　39
波エネルギー
　　wave energy　31

【に】

日潮不等
　　diurnal inequality　81

【ね】

ネクトン
　　nekton　152

【は】

波　圧
　　wave pressure　118
ハーバーパラドックス
　　habor paradox　86
排他的経済水域
　　exclusive economic zone　5

波形勾配
　　wave steepness　15
波　高
　　wave height　13
波　数
　　wave number　14
波数スペクトル
　　wave number spectrum　63, 67
波　速
　　wave celerity　23
波　束
　　wave packet　32
波　谷
　　wave trough　13
波　長
　　wavelength　14
曝　気
　　aeration　174
発散波
　　radiation wave　166
ハドソン式
　　Hudson formula　131
波　峰
　　wave crest　13
腹
　　antinode　42
波　力
　　wave force　118
パワーモデル
　　power model　144
反射率
　　reflection coefficient　45
搬送波
　　carrier wave　32

【ひ】

ヒーリーの方法
　　Healy's method　45
干　潟
　　tidal flat　152

微小振幅波
　　small amplitude wave　15, 20
比水深
　　relative water depth　15
非調和定数
　　non-harmonic constants　83
非定形波
　　non-permanent wave　28
非分散波
　　non-dispersive wave　29
漂　砂
　　sediment transport　141
表面張力波
　　capillary wave　23
廣井式
　　Hiroi formula　129
貧酸素水塊
　　hypoxia　156

【ふ】

不安定成層
　　unstable stratification　115
風　波
　　wind wave　15, 69
富栄養化
　　eutrophication　2, 155
付加質量
　　added mass　119
不規則波
　　irregular wave　23, 59
吹き寄せ効果
　　wind-drift effect　92
覆　砂
　　sand capping　173
副振動
　　secondary undulation　85
節
　　node　42
物質微分
　　material derivative　18

索引

【ふ】

部分重複波
  partial standing wave 43
浮遊漂砂
  suspended load transport 143
プランクトン
  plankton 152
ブラント・バイサラ振動数
  Brunt-Vaisälä frequency 113
不連続成層
  discontinuous stratification 113
フロキュレーション
  flocculation 112, 171
分散関係式
  dispersion relationship 22
分散波
  dispersive wave 28
分潮
  tidal constituent 82

【へ】

平均海面
  mean sea level 83
平均波
  mean wave 61
平衡断面
  equilibrium beach profile 139
平衡潮汐
  equilibrium tide 81
ヘッドランド
  headland 169
ベルヌーイの式
  Bernoulli's equation 18
ヘルムホルツ方程式
  Helmholtz equation 51
偏西風
  westerlies 101
ベントス
  benthos 152

【ほ】

ホイヘンスの原理
  Huygens' principle 51
貿易風
  trade wind 100
方向集中度パラメータ
  spreading parameter 68
方向スペクトル
  directional spectrum 63, 67
防波堤
  breakwater 167
包絡波
  envelope wave 31
ポケットビーチ
  pocket beach 139
補償深度
  compensation depth 151

【ま】

マイヤーズの式
  Myers equation 94
巻き波
  plunging breaker 54
巻き寄せ波
  collapsing breaker 55
マニング公式
  Manning formula 90
満潮
  high water 79

【み】

見かけの質量
  added mass 119
ミチゲーション
  mitigation 177
ミッシェ・ルンドグレン式
  Miche-Rundgren wave pressure formula 127
密度成層
  density stratification 156
密度流
  density current 100, 110

【む】

無光層
  aphotic zone 151

【め】

面的防護方式
  integrated shore protection system 9

【も】

戻り流れ
  return flow 104, 109
藻場
  seaweed bed 153
モリソン式
  Morison equation 122

【や】

躍動漂砂
  saltation load transport 143

【ゆ】

有機汚濁
  organic pollution 155
有義波
  significant wave 61
有限振幅波
  finite amplitude wave 15
有限振幅波理論
  finite amplitude wave theory 34
有光層
  euphotic zone 151
揺れ戻し
  resurgence 92

【よ】

溶存酸素
  dissolved oxygen 156
養浜
  beach nourishment 170
揚力
  lift force 118

【ら】

ライフサイクルコスト
　life cycle cost　　*173*
ラグランジュ微分
　Lagrangian derivative　*18*
ラディエーション応力
　radiation stress　*56, 104*
ラプラス方程式
　Laplace equation　*16*

【り】

離岸堤
　detached breakwater
　　　　　　　　129, 169
離岸流
　rip current　*104, 109*
離岸流頭
　rip head　*109*
力学的境界条件
　dynamic boundary
　condition　*18*
陸繋島
　land-tied island　*139*
リチャードソン数
　Richadson number　*113*
リモートセンシング
　remote sensing　*164*
領　海
　territorial waters, closed
　sea　*5*

【れ】

レイリー分布
　Rayleigh distribution　*61*
連続式
　continuity equation　*16*
連続成層
　continuous stratification
　　　　　　　　　113

【わ】

湾水振動
　harbor oscillation　*85*

―― 著者略歴 ――

- 1993年　名古屋大学工学部土木工学科卒業
- 1995年　名古屋大学大学院工学研究科博士課程前期課程修了（土木工学専攻）
- 1998年　名古屋大学大学院工学研究科博士課程後期課程修了（土木工学専攻）
　　　　博士（工学）
- 1998年　大阪大学助手
- 2004年　名古屋大学助手
- 2005年　名古屋大学助教授
- 2007年　名古屋大学准教授
- 2014年　株式会社ハイドロソフト技術研究所　執行役員兼研究開発センター長
- 2016年　株式会社ハイドロソフト技術研究所　取締役兼研究開発センター長
- 2018年　株式会社ハイドロ総合技術研究所（社名変更）取締役兼研究開発センター長
- 2022年　KK技術研究所 代表（兼務）
- 2025年　愛知工業大学教授
　　　　現在に至る

沿 岸 域 工 学
Coastal Zone Engineering　　　　　　　　　　　　　　　　Ⓒ Koji Kawasaki 2013

2013 年 5 月 11 日　初版第 1 刷発行
2025 年 2 月 10 日　初版第 6 刷発行

検印省略	著　者	川　崎　浩　司
	発行者	株式会社　コロナ社
		代表者　牛来真也
	印刷所	三美印刷株式会社
	製本所	有限会社　愛千製本所

112-0011　東京都文京区千石 4-46-10
発行所　株式会社　コロナ社
CORONA PUBLISHING CO., LTD.
Tokyo Japan
振替 00140-8-14844・電話 (03)3941-3131(代)
ホームページ https://www.coronasha.co.jp

ISBN 978-4-339-05630-3　C3351　Printed in Japan　　　　　（大井）

〈出版者著作権管理機構 委託出版物〉
本書の無断複製は著作権法上での例外を除き禁じられています。複製される場合は、そのつど事前に、出版者著作権管理機構（電話 03-5244-5088，FAX 03-5244-5089，e-mail: info@jcopy.or.jp）の許諾を得てください。

本書のコピー、スキャン、デジタル化等の無断複製・転載は著作権法上での例外を除き禁じられています。購入者以外の第三者による本書の電子データ化及び電子書籍化は、いかなる場合も認めていません。
落丁・乱丁はお取替えいたします。

技術英語・学術論文書き方，プレゼンテーション関連書籍

プレゼン基本の基本 －心理学者が提案するプレゼンリテラシー－
下野孝一・吉田竜彦 共著／A5／128頁／本体1,800円／並製

まちがいだらけの文書から卒業しよう 工学系卒論の書き方 －基本はここだ！－
別府俊幸・渡辺賢治 共著／A5／200頁／本体2,600円／並製

理工系の技術文書作成ガイド
白井　宏 著／A5／136頁／本体1,700円／並製

ネイティブスピーカーも納得する技術英語表現
福岡俊道・Matthew Rooks 共著／A5／240頁／本体3,100円／並製

科学英語の書き方とプレゼンテーション（増補）
日本機械学会 編／石田幸男 編著／A5／208頁／本体2,300円／並製

続 科学英語の書き方とプレゼンテーション －スライド・スピーチ・メールの実際－
日本機械学会 編／石田幸男 編著／A5／176頁／本体2,200円／並製

マスターしておきたい 技術英語の基本－決定版－
Richard Cowell・佘　錦華 共著／A5／220頁／本体2,500円／並製

いざ国際舞台へ！ 理工系英語論文と口頭発表の実際
富山真知子・富山　健 共著／A5／176頁／本体2,200円／並製

科学技術英語論文の徹底添削 －ライティングレベルに対応した添削指導－
絹川麻理・塚本真也 共著／A5／200頁／本体2,400円／並製

技術レポート作成と発表の基礎技法（改訂版）
野中謙一郎・渡邉力夫・島野健仁郎・京相雅樹・白木尚人 共著
A5／166頁／本体2,000円／並製

知的な科学・技術文章の書き方 －実験リポート作成から学術論文構築まで－
中島利勝・塚本真也 共著
A5／244頁／本体1,900円／並製
日本工学教育協会賞（著作賞）受賞

知的な科学・技術文章の徹底演習
塚本真也 著　工学教育賞（日本工学教育協会）受賞
A5／206頁／本体1,800円／並製

定価は本体価格＋税です。
定価は変更されることがありますのでご了承下さい。

図書目録進呈◆

土木計画学ハンドブック

コロナ社 創立90周年記念出版
土木学会 土木計画学研究委員会 設立50周年記念出版

土木学会 土木計画学ハンドブック編集委員会 編
B5判／822頁／本体25,000円／箱入り上製本／口絵あり

委員長：小林潔司
幹　　事：赤羽弘和，多々納裕一，福本潤也，松島格也

　可能な限り新進気鋭の研究者が執筆し，各分野の第一人者が主査として編集することにより，いままでの土木計画学の成果とこれからの指針を示す書となるようにしました。第Ⅰ編の基礎編を読むことにより，土木計画学の礎の部分を理解できるようにし，第Ⅱ編の応用編では，土木計画学に携わるプロフェッショナルの方にとっても，問題解決に当たって利用可能な各テーマについて詳説し，近年における土木計画学の研究内容や今後の研究の方向性に関する情報が得られるようにしました。

目　次

── Ⅰ. 基礎編 ──

1. **土木計画学とは何か**（土木計画学の概要／土木計画学が抱える課題／実践的学問としての土木計画学／土木計画学の発展のために1：正統化の課題／土木計画学の発展のために2：グローバル化／本書の構成）
2. **計画論**（計画プロセス論／計画制度／合意形成）
3. **基礎数学**（システムズアナリシス／統計）
4. **交通学基礎**（交通行動分析／交通ネットワーク分析／交通工学）
5. **関連分野**（経済分析／費用便益分析／経済モデル／心理学／法学）

── Ⅱ. 応用編 ──

1. **国土・地域・都市計画**（総説／わが国の国土・地域・都市の現状／国土計画・広域計画／都市計画／農山村計画）
2. **環境都市計画**（考慮すべき環境問題の枠組み／環境負荷と都市構造／環境負荷と交通システム／循環型社会形成と都市／個別プロジェクトの環境評価）
3. **河川計画**（河川計画と土木計画学／河川計画の評価制度／住民参加型の河川計画：流域委員会等／治水経済調査／水害対応計画／土地利用・建築の規制・誘導／水害保険）
4. **水資源計画**（水資源計画・管理の概要／水需要および水資源の把握と予測／水資源システムの設計と安全度評価／ダム貯水池システムの計画と管理／水資源環境システムの管理計画）
5. **防災計画**（防災計画と土木計画学／災害予防計画／地域防災計画・災害対応計画／災害復興・復旧計画）
6. **観光**（観光学における土木計画学のこれまで／観光行動・需要の分析手法／観光交通のマネジメント手法／観光地における地域・インフラ整備計画手法／観光政策の効果評価手法／観光学における土木計画学のこれから）
7. **道路交通管理・安全**（道路交通管理概論／階層型道路ネットワークの計画・設計／交通容量上のボトルネックと交通渋滞／交通信号制御交差点の管理・運用／交通事故対策と交通安全管理／ITS技術）
8. **道路施設計画**（道路網計画／駅前広場の計画／連続立体交差事業／駐車場の計画／自転車駐車場の計画／新交通システム等の計画）
9. **公共交通計画**（公共交通システム／公共交通計画のための調査・需要予測・評価手法／都市間公共交通計画／都市・地域公共交通計画／新たな取組みと今後の展望）
10. **空港計画**（概論／航空政策と空港計画の歴史／航空輸送市場分析の基本的視点／ネットワーク設計と空港計画／空港整備と運営／空港整備と都市地域経済／空港設計と管制システム）
11. **港湾計画**（港湾計画の概要／港湾施設の配置計画／港湾取扱量の予測／港湾投資の経済分析／港湾における防災／環境評価）
12. **まちづくり**（土木計画学とまちづくり／交通計画とまちづくり／交通工学とまちづくり／市街地整備とまちづくり／都市施設とまちづくり／都市計画・都市デザインとまちづくり）
13. **景観**（景観分野の研究の概要と特色／景観まちづくり／土木施設と空間のデザイン／風景の再生）
14. **モビリティ・マネジメント**（MMの概要：社会的背景と定義／MMの技術・方法論／国内外の動向とこれからの方向性／これからの方向性）
15. **空間情報**（序論－位置と高さの基準／衛星測位の原理とその応用／画像・レーザー計測／リモートセンシング／GISと空間解析）
16. **ロジスティクス**（ロジスティクスとは／ロジスティクスモデル／土木計画指向のモデル／今後の展望）
17. **公共資産管理・アセットマネジメント**（公共資産管理／ロジックモデルとサービス水準／インフラ会計／データ収集／劣化予測／国際規格と海外展開）
18. **プロジェクトマネジメント**（プロジェクトマネジメント概論／プロジェクトマネジメントの工程／建設プロジェクトにおけるマネジメントシステム／契約入札制度／新たな調達制度の展開）

定価は本体価格＋税です。
定価は変更されることがありますのでご了承下さい。

図書目録進呈◆

環境・都市システム系教科書シリーズ

(各巻A5判,欠番は品切です)

- ■編集委員長　澤　孝平
- ■幹　　　事　角田　忍
- ■編集委員　　荻野　弘・奥村充司・川合　茂
　　　　　　　　嵯峨　晃・西澤辰男

配本順			著者	頁	本体
1.	(16回)	シビルエンジニアリングの第一歩	澤　孝平・嵯峨　晃 川合　茂・角田　忍 荻野　弘・奥村充司　共著 西澤辰男	176	2300円
2.	(1回)	コンクリート構造	角田　忍 竹村和夫　共著	186	2200円
3.	(2回)	土質工学	赤木知之・吉村優治 上　俊二・小堀慈久　共著 伊東孝	238	2800円
4.	(3回)	構造力学 I	嵯峨　晃・武田八郎 原　　隆・勇　秀憲　共著	244	3000円
5.	(7回)	構造力学 II	嵯峨　晃・武田八郎 原　　隆・勇　秀憲　共著	192	2300円
6.	(4回)	河川工学	川合　茂・和田　清 神田佳一・鈴木正人　共著	208	2500円
7.	(5回)	水理学	日下部重幸・檀　和秀 湯城豊勝　共著	200	2600円
8.	(6回)	建設材料	中嶋清実・角田　忍 菅原　隆　共著	190	2300円
9.	(8回)	海岸工学	平山秀夫・辻本剛三 島田富美男・本田尚正　共著	204	2500円
10.	(24回)	施工管理学（改訂版）	友久誠司・竹下治之 江口忠臣　共著	240	2900円
11.	(21回)	改訂 測量学 I	堤　　隆　著	224	2800円
12.	(22回)	改訂 測量学 II	岡林　巧・堤　　隆 山田貴浩・田中龍児　共著	208	2600円
16.	(15回)	都市計画	平田登基男・亀野辰三 宮腰和弘・武井幸久　共著 内田一平	204	2500円
17.	(17回)	環境衛生工学	奥村充司 大久保孝樹　共著	238	3000円
18.	(18回)	交通システム工学	大橋健一・柳澤吉保 高岸節夫・佐々木恵一 日野　智・折田仁典　共著 宮腰和弘・西澤辰男	224	2800円
19.	(19回)	建設システム計画	大橋健一・荻野　弘 西澤辰男・柳澤吉保 鈴木正人・伊藤　雅　共著 野田宏治・石内鉄平	240	3000円
20.	(20回)	防災工学	渕田邦彦・疋田　誠 檀　和秀・吉村優治　共著 塩野計司	240	3000円
21.	(23回)	環境生態工学	宇野宏司 渡部守義　共著	230	2900円

定価は本体価格+税です。
定価は変更されることがありますのでご了承下さい。

◆図書目録進呈◆

土木・環境系コアテキストシリーズ

(各巻A5判)

- ■編集委員長　日下部 治
- ■編集委員　小林 潔司・道奥 康治・山本 和夫・依田 照彦

共通・基礎科目分野

配本順				頁	本体
A-1	(第9回)	土木・環境系の力学	斉木 功 著	208	2600円
A-2	(第10回)	土木・環境系の数学 ―数学の基礎から計算・情報への応用―	堀 宗朗・市村 強 共著	188	2400円
A-3	(第13回)	土木・環境系の国際人英語	井合 進・R. Scott Steedman 共著	206	2600円

土木材料・構造工学分野

B-1	(第3回)	構造力学	野村 卓史 著	240	3000円
B-2	(第19回)	土木材料学	中村 聖三・奥松 俊博 共著	192	2400円
B-3	(第7回)	コンクリート構造学	宇治 公隆 著	240	3000円
B-4	(第21回)	鋼構造学(改訂版)	舘石 和雄 著	240	3000円

地盤工学分野

C-2	(第6回)	地盤力学	中野 正樹 著	192	2400円
C-3	(第2回)	地盤工学	髙橋 章浩 著	222	2800円
C-4		環境地盤工学	勝見 武 著		

配本順			頁	本体

水工・水理学分野

D-1	(第11回)	水理学	竹原幸生 著	204	2600円
D-2	(第5回)	水文学	風間 聡 著	176	2200円
D-3	(第18回)	河川工学	竹林洋史 著	200	2500円
D-4	(第14回)	沿岸域工学	川崎浩司 著	218	2800円

土木計画学・交通工学分野

E-1	(第17回)	土木計画学	奥村 誠 著	204	2600円
E-2	(第20回)	都市・地域計画学	谷下雅義 著	236	2700円
E-3	(第22回)	改訂交通計画学	金子雄一郎・有村幹治・石坂哲宏 共著	236	3000円
E-5	(第16回)	空間情報学	須﨑純一・畑山満則 共著	236	3000円
E-6	(第1回)	プロジェクトマネジメント	大津宏康 著	186	2400円
E-7	(第15回)	公共事業評価のための経済学	石倉智樹・横松宗太 共著	238	2900円

環境システム分野

F-1	(第23回)	水環境工学	長岡 裕 著	232	3000円
F-2	(第8回)	大気環境工学	川上智規 著	188	2400円
F-3		環境生態学	西村 修・山田一裕・中野和典 共著		

定価は本体価格+税です。
定価は変更されることがありますのでご了承下さい。

◆図書目録進呈◆

土木系 大学講義シリーズ

（各巻A5判，欠番は品切または未発行です）

■編集委員長　伊藤　學
■編集委員　青木徹彦・今井五郎・内山久雄・西谷隆亘
　　　　　　榛沢芳雄・茂庭竹生・山﨑　淳

配本順			頁	本体
2.（4回）	土木応用数学	北田俊行著	236	2700円
3.（27回）	測量学	内山久雄著	206	2700円
4.（21回）	地盤地質学	今井・福江／足立　共著	186	2500円
5.（3回）	構造力学	青木徹彦著	340	3300円
6.（6回）	水理学	鮏川　登著	256	2900円
7.（23回）	土質力学	日下部　治著	280	3300円
8.（19回）	土木材料学（改訂版）	三浦　尚著	224	2800円
13.（7回）	海岸工学	服部昌太郎著	244	2500円
14.（25回）	改訂 上下水道工学	茂庭竹生著	240	2900円
15.（11回）	地盤工学	海野・垂水編著	250	2800円
17.（31回）	都市計画（五訂版）	新谷・髙橋／岸井・大沢　共著	200	2600円
18.（24回）	新版 橋梁工学（増補）	泉・近藤共著	324	3800円
20.（9回）	エネルギー施設工学	狩野・石井共著	164	1800円
21.（15回）	建設マネジメント	馬場敬三著	230	2800円
22.（29回）	応用振動学（改訂版）	山田・米田共著	202	2700円

定価は本体価格+税です。
定価は変更されることがありますのでご了承下さい。

図書目録進呈◆